BLÜTENRAUSCH
im Rheinland

Kerstin Goldbach

BLÜTENRAUSCH
im Rheinland

14 Streifzüge für alle Sinne

J.P. BACHEM VERLAG

Die Adressen und Angaben im Serviceteil des Buches wurden von der Autorin sorgfältig recherchiert und vom Verlag geprüft. Wir bitten um Verständnis, dass Verlag und Autorin keine Garantie für die Richtigkeit der Angaben übernehmen können. Für Korrekturhinweise sind wir sehr dankbar.

Bibliografische Information der Deutschen Nationalbibliothek
Die Deutsche Nationalbibliothek verzeichnet diese Publikation in der Deutschen Nationalbibliografie; detaillierte bibliografische Daten sind im Internet über **https://portal.dnb.de** abrufbar.

1. Auflage 2018
© J.P. Bachem Verlag, Köln 2018
Lektorat: Frauke Severit, Berlin
Layout: Cindy Kinze, Köln
Kartengrundlagen: Geoinformationen © Outdooractive
© GeoBasis-DE / BKG 2018
© OpenStreetMap (ODbL) – Mitwirkende
(www.openstreetmap.org/copyright)
Druck und Bindung: Belvédère, Niederlande

ISBN 978-3-7616-3124-9 Buchausgabe
ISBN 978-3-7616-3305-2 EPUB
ISBN 978-3-7616-3306-9 PDF
ISBN 978-3-7616-3307-6 MOBI

Aktuelle Programminformationen sowie die **GPS-Daten** zu den Tourenkarten stehen kostenlos unter **www.bachem.de/verlag** zur Verfügung.

Sumpfschafgarbe in der Sistig-Krekeler Heide

INHALT

Über dieses Buch *8*

Streifzug 1 *10*

Krokus
Das Blaue Band in Düsseldorf

Streifzug 2 *20*

Märzenbecher
Frühlingserwachen in der Schönecker Schweiz

Streifzug 3 *34*

Küchenschelle
Der Bürvenicher Berg und eine kleine lila Pflanze

Streifzug 4 *48*

Japanische Zierkirsche
Die Bonner Altstadt hüllt sich in ein rosa Kleid

Streifzug 5 *60*

Gelbe Narzisse
Durch das Perlenbach- und Fuhrtsbachtal

Streifzug 6 *74*

Apfelbaum
Auf dem Obstweg in Leichlingen

Streifzug 7 *86*

Rhododendron
Ein Feuerwerk der Farben im Kölner Süden

96 Streifzug 8

Bärlauch
Im Tal der Urft und des Gillesbachs

112 Streifzug 9

Besenginster
Über die Dreiborner Hochfläche

126 Streifzug 10

Rosen
Die Königin der Blumen auf dem Dach von Fort X in Köln

136 Streifzug 11

Mädesüß und Heilziest
Die blühenden Wildwiesen im Siegtal

150 Streifzug 12

Lungenenzian und Teufelsabbiss
Bezaubernde Blütenpracht in der Sistig-Krekeler Heide

164 Streifzug 13

Besenheide
Die Wahner Heide – außergewöhnlich und wunderschön

178 Streifzug 14

Herbstzeitlose
Die Wiesen der Urdenbacher Kämpe in zartem Violett

192 Dank / Bildnachweis

Über dieses Buch

Blütenrausch – das klingt verlockend, aber wo kann man ihn erleben? Zwar zeichnet sich unsere rheinische Landschaft durch große Waldgebiete, Weiden und Ackerland aus, doch finden wir Blumen meist nicht nur in unseren Gärten vor? Nein, in der Eifel und im Bergischen Land, aber auch in dem dicht besiedelten Ballungsraum zwischen Düsseldorf und Bonn gibt es zahlreiche Stellen, an denen einzelne Pflanzen das Terrain erobert haben und mit ihrer Blüte Wanderer und Spaziergänger erfreuen.

Mit diesem Buch möchten wir Sie einladen, die Blütenstandorte vom Frühjahr bis zum Herbst zu besuchen und die Landschaft im Jahresverlauf bewusster wahrzunehmen. Zu welcher Zeit blüht welche Pflanze? Wo kann man sie sehen? Und warum wächst sie eigentlich an diesem Standort? Diesen Fragen sind wir nachgegangen und wollen zugleich Lust machen, mehr über die Natur zu erfahren. Dabei werden nicht nur die Orte aufgesucht, an denen die Pflanzen natürlicherweise anzutreffen sind, sondern einige Streifzüge führen auch in Gärten und Parks. Denn diese meist aus Gärtnerhand geschaffenen Anlagen gehören ebenfalls zu unserer Umwelt – die Grenze zwischen Natur und Kultur verläuft oftmals fließend.

„Man sieht nur, was man weiß", getreu dieses Goethe-Spruchs wird jede Pflanze in einem kurzen Porträt vorgestellt. Denn nur, wer eine Pflanze genauer kennt, läuft nicht achtlos an ihr vorbei. Dabei versteht sich „Blütenrausch im Rheinland" nicht als botanisches Fachbuch, deshalb enthalten die Steckbriefe zu Beginn eines jeden Pflanzenporträts

nur die wichtigsten Fakten zum Aufbau der Blüte oder der Form der Blätter. Auch wird auf die Verwendung von Fachbegriffen weitgehend verzichtet. Ebenso wenig kann auf alle Pflanzen hingewiesen werden, die auf den Streifzügen zu beobachten sind. Interessierten Pflanzenliebhabern wird deshalb empfohlen, ein Bestimmungsbuch mitzuführen.

Für jeden Streifzug wird im Serviceteil der günstigste Zeitpunkt – „Beste Zeit" – angegeben, zu dem die Pflanzen sich in ihrem Blühoptimum befinden, oder wenn zwei Pflanzen an einem Standort aufgesucht werden, beide zusammen blühend anzutreffen sind. Diese Zeiten sind Erfahrungswerte und eine ungefähre Angabe, aber keine Garantie, die entsprechende Pflanze dann wirklich üppig blühend zu sehen. Denn ein später Wintereinbruch oder ein langes warmes Frühjahr können diesen Zeitraum verschieben. Deshalb ist hier die eigene Beobachtung des Wettergeschehens im Jahresverlauf gefragt.

Jede Pflanze verfügt über spezielle Eigenschaften oder wird von uns Menschen genutzt. Diese Aspekte, die über die Beschreibung des Streifzugs oder das Porträt der Pflanze hinausgehen, werden als gesonderte Themen herausgehoben. Zudem finden sich zu jedem Streifzug Angaben zur Anreise, nützliche Adressen mit Öffnungszeiten sowie gegebenenfalls Hinweise zu Einkehrmöglichkeiten und Führungen. Wird bei einem Streifzug eine Wanderung unternommen, bietet eine Tourenkarte im Serviceteil zusätzliche Orientierung.

Wir wünschen Ihnen auf den Streifzügen viel Spaß und blütenreiche Entdeckungen.

**Wie ein Seidenschal legt sich das Blaue Band
um den Rheinpark und die Silhouette Düsseldorfs.
Zur Krokusblüte im März lädt die Stadt ein
zu einem Spaziergang am Rhein.**

Die Farbe des rheinischen Winters ist Grau. Selten präsentiert sich die kalte Jahreszeit im Rheinland einladend mit blauem Himmel, Sonnenschein und einer dicken Schneedecke. Spätestens ab Februar sehnen sich die Menschen nach dem ersten Grün und den Farbtupfern der Frühlingsblumen.

Dank der Initiative „Pro Düsseldorf", die sich seit 1996 unter anderem für die Verschönerung der Stadt Düsseldorf engagiert, erfreut Ende Februar bis circa Mitte März jedes Jahr die Farbe Blauviolett das Auge von Bewohnern und Besuchern der nordrhein-westfälischen Landeshauptstadt. Denn ein Meer aus Krokussen bildet entlang des Rheinparks und an weiteren Standorten in der Stadt das „Blaue Band". Dieses geht zurück auf das Jahr 2008, im Zuge des Bundeswettbewerbs „Gemeinsam Aufblühen", einem Städtewettbewerb, der Projekte zur lebendigen und nachhaltigen Grüngestaltung kürt, wurden im Rheinpark über fünf Millionen blaublühender Krokuszwiebeln ins Erdreich eingebracht. Und zwar in welligem Verlauf, damit in der Blühzeit optisch der Effekt eines Bands entsteht. Für die Anpflanzung dieser Krokus-Wellen ist Handarbeit vonnöten, denn mit einer Pflanzmaschine gelingt das nicht. Rund 2.500 ehrenamtliche Helfer waren an dieser außergewöhnlichen Aktion beteiligt. Nicht umsonst erhielt die Stadt beim Wettbewerb die Goldmedaille.

Den ursprünglichen Gedanken, dieses Blütenmeer der Krokusse in Düsseldorf zu etablieren, übernahmen die Initiatoren vom Husumer Schlosspark, in dem seit Jahrhunderten im Frühjahr ein Teppich blauer Krokusblüten Besucher anlockt. Eine tolle Idee für Düsseldorf und von den Anfängen

Streifzug 1 Krokus

bis heute sind immer mehr Orte in der Stadt hinzugekommen. Aus den ursprünglich fünf sind mittlerweile rund neun Millionen Krokusse geworden, die sich im Blauen Band vereinen. Zu sehen ist die Blütenpracht neben dem Rheinpark nun auch entlang der Rotterdamer Straße, im Nordpark, an der Messe, im Hofgarten sowie in Kaiserswerth. Autofahrer werden zudem am nördlichen Zubringer von den Krokussen begrüßt.

Den schönsten Eindruck vom Blauen Band bietet jedoch ein Spaziergang im Rheinpark. Als Ausgangspunkt wählen wir die Rheinterrassen und gehen von dort aus in nördliche Richtung am Rhein entlang durch den Park. Wer mag, besucht zuvor das **Museum Kunstpalast**, das nur wenige Gehminuten südlich gelegen ist. Für den Besuch des international renommierten Kunstmuseums mit Gemälden

1 Frühlingserwachen im Rheinpark
2 Wellenförmig verläuft das Blaue Band der Krokusse.

verschiedener Epochen, Skulpturen, Zeichnungen, Glasobjekten und den Graphischen Sammlungen sollte man ein paar Stunden Zeit einplanen. Für eine Erfrischung bietet das Museum mit der **KristallBar** einen schönen Ort. Der kleine Abstecher zum Museum lohnt aber allein schon wegen der Architektur. 1902 errichtet wurde das Bauwerk 1926 für die „Große Düsseldorfer Ausstellung für Gesundheitspflege, soziale Fürsorge und Leibesübungen (GeSoLei)" von Wilhelm Kreis, Architekt und von 1908 bis 1919 Direktor der Kunstgewerbeschule Düsseldorf, mit einem Ehrenhof ausgestattet. Auch die **Rheinterrassen** sind im Zuge der Ausstellung von Wilhelm Kreis entworfen worden. Vorbei an diesem Ensemble der 20er-Jahre-Architektur gelangen wir nun in den Park, wo uns bereits die ersten Krokusse begegnen. Wir sollten den Spaziergang so wählen, dass wir am Nachmittag dort sind, denn dann liegt der Rheinpark in der Sonne. Schön für uns und auch für den Krokus, der seine Blätter nur bei Wärme und Sonnenschein öffnet und bei den geringsten Temperaturabsenkungen wieder schließt.

Streifzug 1

Krokus
(Crocus, Schwertliliengewächs)
Gattung mit rund 100 Arten

❀ Blühzeit: Februar bis April; Safrankrokus
September bis Oktober ❀ Größe: 10–15 cm
❀ trichterförmige Blüte, Blütenröhre mit drei Staubblättern, Blütenfarben Weiß, Gelb, Blau, Rosa, Violett
❀ Blätter grün, schmal, glatter Blattrand,
sehr häufig mit einem weißen Mittelstreifen
❀ sonnig, nährstoffreicher Boden, keine Staunässe
❀ geschützt ❀ schwach giftig, Safrankrokus giftig

Es gibt rund 100 Krokusarten sowie zahlreiche Zuchtformen, sogenannte Hybriden, die aus der Kreuzung verschiedener Arten entstanden sind. Verbreitet sind die Krokusse in den gemäßigten Breiten Mitteleuropas, im Mittelmeerraum, in Asien und Nordafrika. Krokusse wachsen vor allem auf Wiesen sowie in Gärten und Parks. Viele Krokusarten sind Frühlingsblüher, es gibt aber auch Herbstkrokusse, wie zum Beispiel den Safrankrokus (siehe Seite 16).

Krokusse sind mehrjährig, die Lebensdauer beträgt im Schnitt drei Jahre. Bereits im Winter kommen die ersten Laubblätter zum Vorschein, in deren Mitte sich die Knospe bildet.

Die Blüten der Krokusse sind trichterförmig, die Blätter unten verwachsen, ohne Stängel wächst die Blütenröhre aus dem Erdreich hervor. Auffällig sind die leuchtend orangefarbenen Staubblätter und der Stempel, die männlichen und weiblichen Teile der Blüte. Nach der Befruchtung bildet der Krokus Kapselfrüchte, die den Samen enthalten.

Krokusse vermehren sich nicht nur über Samen, sondern auch vegetativ in Form von Brutknollen. Die Knolle bildet jedes Jahr eine Tochterknolle, aus der wieder neue Triebe entstehen. Diese Art der Vermehrung ermöglicht es den Pflanzen, sich recht schnell zu verbreiten und das Terrain zu erobern.

Die Knolle dient dem Krokus auch als unterirdisches Überdauerungsorgan. Ist die Blütenpracht vorbei, nehmen die Laubblätter weiterhin Nährstoffe auf, die dann in den Knollen als Reserve für den Winter eingelagert werden.

Streifzug 1 — Krokus

Das teuerste Gewürz der Welt

Er gibt Speisen einen feinen, leicht bitteren Geschmack und eine goldgelbe Farbe – Safran gehört schon seit der Antike zu den begehrtesten Gewürzen. Gewonnen wird er aus den Stempelfäden der herbstblühenden Krokusart (Crocus sativus), dem Safrankrokus. Die Ernte ist sehr aufwendig – verständlich, dass Safran einem Luxusgut gleichkommt. Um ein Kilogramm Safran zu gewinnen, müssen rund 150.000 Blüten geerntet werden. Die begehrten Fäden, dabei handelt es sich um die weiblichen Organe der Blüte, müssen kurz nach der Blüte einzeln per Hand gepflückt werden. In getrocknetem Zustand findet Safran heutzutage vor allem als Küchengewürz Verwendung. So ist er wichtiger Bestandteil einer Paella oder Bouillabaisse. In früheren Jahrhunderten diente er aber auch als Färbemittel. Für die Farbe ist das in den Stempelfäden enthalte Carotinoid Crocin zuständig, den Geschmack liefern die Aromastoffe Safranal und Picrocrocin. Auch als Heilmittel schätzte man den Safran, heute wird er in der Volksmedizin gelegentlich noch als krampflösendes, beruhigendes und verdauungsförderndes Mittel eingesetzt.

Wurde Safran in früheren Jahrhunderten auch in unseren Breiten angebaut, finden sich die Safran-Produzenten heute vor allem im Mittelmeerraum und in Asien, insbesondere in Spanien und dem Iran. Safran sollte man immer aus verlässlicher Quelle beziehen, denn zu viele Scharlatane versuchen gestreckte Ware als teuren Safran zu verkaufen. In hohen Dosen – als tödliche Dosis für den Menschen gilt eine Menge von 10 bis 20 Gramm – ist Safran übrigens giftig. Aber ein übermäßiger Verzehr ist nicht nur teuer, sondern auch dem Geschmack nicht zuträglich. Der Zauber des Safrans liegt ja in seiner Feinheit – kleine Fäden, große Wirkung.

Der **Rheinpark Golzheim**, wie er offiziell heißt, war einst eine Rheininsel. Ein sumpfiges Gelände, das sich zwischen den heutigen Rheinterrassen und der Theodor-Heuss-Brücke erstreckte. 1902 wurde auf dem Gelände der Kaiser-Wilhelm-Park angelegt, seine gegenwärtige Gestalt mit weitläufigen Rasenflächen, einzelnen Baumgruppen und der Promenade erhielt der Park 1926 ebenfalls im Zuge der GeSoLei. Seit 2001 steht er unter Denkmalschutz. Verheerend waren die Schäden, die der Sturm Ela im Juni 2014 anrichtete. Er vernichtete große Teile des Baumbestands und auch die zuvor mühselig eingepflanzten Krokusse wurden weitestgehend zerstört. Nach Ela waren die fleißigen Helfer jedoch schnell wieder zur Stelle, um das Blaue Band erneut zum Leben zu erwecken, und robustere und länger blühende Krokussorten wurden eingesetzt. Die Krokusse vermehren sich selbst, gleichwohl gibt es aber immer wieder Neupflanzungen. Neben Sorten des Frühlingskrokus (Crocus vernus) gehören unter anderem auch der Elfen-Krokus (Crocus tommasinanus) oder der Balkan-Krokus (Crocus chrysanthus) zum Bestand des Blauen Bands. In den letzten Jahren versucht man nun nicht mehr mit langlebigen Sorten die Blühzeit zu verlängern, vielmehr ergänzen andere Pflanzen wie Blaustern und Traubenhyazinthe die Krokusse und verstärken so den blauen Farbakzent.

Die Krokusse setzen kräftige Farbakzente.

Streifzug 1 Krokus

Pflanzen und Menschen genießen die Frühjahrssonne im Park.

Während unseres Spaziergangs bewundern wir jedoch nicht nur die unzähligen Krokusblüten zu unseren Füßen, sondern lassen den Blick auch immer wieder in die Ferne schweifen, denn der Rhein mit den vorbeiziehenden Schiffen und die Aussicht auf die Skyline der Stadt sind ebenso reizvoll. In der Frühlingssonne durch den Park zu schlendern hat etwas ungemein Entspannendes. Wenn wir die Krokusse, die in Horsten zusammenstehen, aufmerksam betrachten, entdecken wir darunter auch weißblühende Exemplare, quasi die schwarzen Schafe der Krokusherde.

Das Blaue Band ist natürlich ein Eins-a-Fotomotiv und so tummeln sich zahlreiche Fotografen im Park auf der Suche nach dem richtigen Winkel für die perfekte Aufnahme. Manche legen sich auch flach auf den Boden, um die Pflanzen aus direkter Nähe abzulichten. Babys, Hunde und ganze Familien werden in den Krokussen drapiert und das Blaue Band dient als Hintergrund für so manches Hochzeitsfoto.

Die circa 1,3 Kilometer kurze Strecke von den Rheinterrassen bis zur Theodor-Heuss-Brücke haben wir im Schlendergang bewältigt. Wir könnten jetzt noch weiterlaufen und jenseits der Brücke bis zum Nordpark wandern, entschließen uns aber zur Rückkehr. Auf einer Bank genießen wir für einen Moment die wärmenden Strahlen der Sonne und saugen noch mal das Blau der Krokusse auf. Ein schöner Frühlingstag – das Blaue Band, ein großartiges Projekt.

Service

Der Streifzug

Beste Zeit: März
Parken: kostenpflichtiger Parkplatz
am Robert-Lehr-Ufer oder an der Cecilienallee
Navi: Robert-Lehr-Ufer, 40474 Düsseldorf
ÖPNV: von Düsseldorf Hbf. oder Duisburg Hbf.
mit Rheinbahn-Linie U 78 bzw. 79 bis
Haltestelle „Victoriaplatz/Klever Straße",
von dort in fünf Minuten Fußweg zum Rheinufer

Sehenswert

Museum Kunstpalast
Ehrenhof 4–5
40479 Düsseldorf
Tel. 0211/56 64 21 00
www.smkp.de
Öffnungszeiten: Di–So 11–18 Uhr,
Do 11–21 Uhr
Haltestelle „Nordstraße" der U 78 bzw. 79 wählen!

Streifzug 2

Märzenbecher

Frühlingserwachen
in der Schönecker Schweiz

**Bevor die Buchenwälder der
Schönecker Schweiz ihr Laub entfalten,
blühen am Boden die ersten Pflanzen – die Vorboten
des Frühlings locken zu einer Wanderung.**

Alle Landstriche, die in Deutschland als „Schweiz" bezeichnet werden, sind in der Regel malerisch, reizvoll und hügelig, kurzum eine Augenweide. Und auf die Schönecker Schweiz in der Westeifel trifft dies allemal zu. Doch nicht nur mit Schönheit kann sich die Landschaft um Schönecken schmücken, sondern sie besticht zudem mit einer artenreichen Fauna und Flora sowie mit bizarren Dolomitfelsformationen. Es sind die erodierten Reste mächtiger Korallenriffe eines urzeitlichen Meers, das vor rund 400 Millionen Jahren zur Zeit des Devons diese Region überzog. Heute wird diese zerklüftete Kalkgesteinslandschaft von lichten Buchenwäldern geprägt, die auch zum besonderen Reiz der Schönecker Schweiz beitragen. Im zeitigen Frühjahr zeigen sich hier an einigen Stellen dichte Bestände des Märzenbechers. Um dieser Pflanze mit ihrer weißen, glockenförmigen Blüte einen Besuch abzustatten, begeben wir uns auf Wanderschaft. Die Route 2 der Prümer Land Touren führt uns dabei durch die beeindruckendsten Abschnitte der Schönecker Schweiz.

Wir starten am **Wanderparkplatz** am Ortseingang von Schönecken und folgen dem Weg, der zunächst geradeaus durch das Tal entlang der **Nims** verläuft. Nur für ein kurzes Stück begleitet uns der Bach, bald führt uns die Route nach rechts in das Schalkenbachtal hinein. Der Schalkenbach, so werden wir auf unserer Tour feststellen, ist jedoch für uns nicht immer sichtbar. Oft sehen wir nur sein Bachbett. Kein Wasser weit und breit. Der **Schalkenbach** gehört zu den sogenannten Schwindbächen, die in Gebieten mit löslichen Gesteinen, meist Kalk- oder Salzgestein, anzutreffen sind. Wasser und Kohlendioxid bilden Kohlensäure und diese löst

Streifzug 2 Märzenbecher

das Kalkgestein auf. Das Wasser der Bäche verschwindet somit im porösen Untergrund und fließt unterirdisch durch das zerklüftete Gestein weiter. An manchen Stellen kommt das Bach auch wieder zum Vorschein. Dieses faszinierende Naturphänomen wird uns auf unserer Wanderung noch einige Male beschäftigen.

Wir wandern weiter durch das Tal, das sich nach wie vor etwas winterlich zeigt. Die Bäume tragen noch kein Laub, einzig einige Nadelbäume stechen mit ihrem Grün hervor. Der Weg ist eben und leicht zu gehen, doch bald kommt etwas Dramatik ins Bild, denn rechts ragt der imposante Dolomitfelsen der **Jungfrauley** auf. Ley oder Lay bezeichnet einen Felsen – man denke an die Loreley –, aber was hat es mit der Jungfer auf sich? Darum ranken sich natürlich viele Sagen. Eine zänkische Jungfer sei hier zu Stein erstarrt, heißt es. Vielleicht damit sie auf ewig schwiege … Wie auch immer, eine Info-Tafel an der folgenden Schutzhütte klärt uns zumindest über die geologische Entstehung der Felsformation auf.

Das Schalkenbachtal zeigt sich noch winterlich. Jmposant macht sich die Jungfrauley im Tal aus (oben rechts).

Mit Frostschutz durch den Winter

Viele Frühlingsblüher wie der Märzenbecher müssen sich beeilen – austreiben, blühen, fruchten und Nährstoffe für den kommenden Winter speichern, dafür steht ihnen nur eine kurze Zeit zur Verfügung, bis größere Pflanzen sie mit ihren Blättern vom Sonnenlicht abschirmen. Um einen Vorsprung zu haben, müssen sie schon früh austreiben. Dann ist es aber oft noch garstig kalt und frostig. Um sich vor dem Erfrieren zu schützen – was nichts anderes bedeutet, als dass Wasser in den Zellen gefriert und die Eiskristalle diese zum Platzen bringen –, bilden sie ihr eigenes Frostschutzmittel. Bei diesem Prozess erhöhen sie den Molekülgehalt in den Zellen, indem sie einzelne Stärkemoleküle in mehrere Zuckermoleküle aufspalten, zusätzlich wird aus Glucose der Alkohol Glycerin gebildet. Diese Moleküle stören, um es vereinfacht auszudrücken, die Wassermoleküle bei der Kristallbildung. Der Gefrierpunkt wird dadurch herabgesetzt, Eis kann nicht entstehen. Um diesen Stoffwechselvorgang in Gang zu bringen, benötigt die Pflanze aber circa 24 Stunden, ein sehr schneller Kälteeinbruch kann deshalb den Kältetod bedeuten. Trotzdem eine geniale Anpassung der Natur!

Streifzug 2

Märzenbecher
(Leucojum vernum, Narzissengewächs)

❀ Blühzeit: Februar bis April ❀ Größe: 10–25 cm
❀ Blüte in hängenden Glocken, sechs gleichlange
Blütenblätter (drei innen, drei außen) mit gelb-grüner
Spitze, sechs Staubblätter und keulenförmiger Griffel
❀ Laubblätter schmal, länglich
❀ feuchte Wälder, Waldrand ❀ geschützt ❀ giftig

Nomen est omen, der wissenschaftliche Name des Märzenbechers leitet sich vom lateinischen „veris" ab, dem Frühling. Und Leucojum? Dies wiederrum ist dem Griechischen entliehen und bedeutet „weißes Veilchen". Damit ist kurz umschrieben, was die Pflanze auszeichnet: Der Märzenbecher zählt zu den ersten Frühlingsblühern und zeigt sich oft schon im Winter direkt nach der Schneeschmelze. Seine Blüte verströmt einen leichten Veilchenduft, damit lockt die Pflanze Bienen und Schmetterlinge an, die sich am Nektar laben und dafür die Pollen von der einen Pflanze zur nächsten tragen. Auffällig ist der etwas verdickte Fruchtknoten, der sich unter der Blüte befindet, aus diesem Grund ist der Märzenbecher auch als Frühlings-Knotenblume bekannt.

Um den Winter zu überdauern, bildet der Märzenbecher wie die meisten Frühlingspflanzen unterirdische Zwiebeln aus. Hier sind die Nährstoffe gespeichert, die der Pflanze Kraft geben, um im Frühling die Bodendecke zu durchstoßen und die Blattanlagen und Blüten zu bilden. Doch in der Zwiebel und ebenso in den Blättern sind nicht nur Nährstoffe enthalten, sondern auch Giftstoffe. Es sind verschiedene herzwirksame Alkaloide wie Lycorin oder Galantamin, die sich auch bei anderen Narzissengewächsen wie den Narzissen und den Schneeglöckchen finden. Vergiftungserscheinungen beim Verzehr der Pflanzenteile sind Übelkeit, Erbrechen, Durchfall und Herzrhythmusstörungen.

Sind die Standortbedingungen ideal, kann der Märzenbecher große Bestände bilden, gleichwohl ist die Pflanze selten geworden, steht unter Naturschutz und darf nicht gepflückt werden.

Streifzug 2

1 Der Märzenbecher hat Blüten wie Lampenschirme.
2 Auf bequemem Weg durch die Natur
3 Die Bank markiert den Wegabzweig.
4 Das Waldveilchen ist ein typischer Bewohner der Buchenwälder.

Weiter geht es durch das schöne Tal und nach rund 200 Metern kommen wir zu einem Wegabzweig mit einer Bank und einem **Pilgerkreuz**. An diesem Punkt, wo der von Norden kommende **Kupferbach**, ebenfalls ein Schwindbach, mit dem Schalkenbach zusammenfließt, folgen wir der Route 2 nach rechts. Eine Info-Tafel zeigt „Blütenzauber im Frühjahr" und weist uns auf die artenreiche Fauna und Flora der hiesigen Buchenwälder hin. Das Schild kommt gerade recht, denn nun nähern wir uns dem Kerngebiet unserer Wanderung und treffen hier auf einige typische Frühjahrsblüher wie das Waldveilchen und das Buschwindröschen, den Lerchensporn oder den Aronstab, aber bald auch auf unseren Hauptdarsteller, den Märzenbecher. Entlang des Bachs wächst er an manchen Stellen sehr üppig. Die weißen Blüten mit ihren grünen Tupfen an der Spitze sehen niedlich aus. Die Pflanze begleitet uns eine Weile durch das Tal und zum

Ende der Wanderung werden wir ein weiteres Mal auf sie stoßen. Der Märzenbecher liebt etwas feuchte Standorte, und so finden wir ihn ganz nah am Bach, auch wenn dieser nicht immer Wasser führt. Wir folgen dem Wegverlauf durch das Tal und sind bezaubert von den Blüten, die uns am Wegesrand ins Auge springen. An einigen Stellen tritt wieder der Märzenbecher üppig hervor – wir genießen das Frühlingserwachen und erinnern uns an den Kinderbuchklassiker „Etwas von den Wurzelkindern" von Sibylle von Olfers: „Und als der Frühling kommt ins Land, da ziehen gleich einem bunten Band, die Käfer, Blumen, Gräser klein, frohlockend in die Welt hinein."

Streifzug 2 — Märzenbecher

Immer entlang des Bachs führt uns der Weg durch das Tal, und bald erreichen wir die eindrucksvolle Felsformation der **Hohlley**, eine Tropfsteinhöhle, die sich hier im Dolomit gebildet hat. Einige interessante Bewohner hat diese Höhle wie Fledermäuse und auch Spinnen. Na ja, das ist nicht für jeden was, und da wir die Tiere ja auch nicht stören möchten, ziehen wir weiter. Nach einem knappen Kilometer treten wir aus dem Wald heraus, in dem ab Mai auch der Bärlauch (siehe Seite 100) blühend anzutreffen ist, und erreichen eine offene Wiesenlandschaft. Den Wald und seine Bewohner lassen wir nun erst einmal hinter uns. Am Waldrand entlang stoßen wir bald auf eine Straße, die mit einer kleinen Leitplanke markiert ist. Hier gehen wir rechts, um nach wenigen Metern wieder rechts auf einen Weg zu wechseln, der uns nun bergauf auf die Hochfläche führt. Weiter auf unserer Route passieren wir nach kurzer Strecke einen Bauernhof, der einsam auf dieser Hochfläche thront. Der Blick in die

1 Gefingerter Lärchensporn am Wegesrand
2 Hier geht's zur Hohlley.
3 Das Schalkenbachtal mit einem Bach ohne Wasser

Ferne ist großartig und bildet einen schönen Kontrast zum Dickicht des Walds, den wir nun in Kürze wieder erreichen. Wir bleiben immer geradeaus, auch auf der folgenden Wegkreuzung, bis wir an den höchsten Punkt der Hochfläche gelangen. Hier führt uns der Wanderweg hinter einer Baumgruppe nach links. Wir folgen immer der Beschilderung der Route 2, nun in den dichten Buchenwald hinein. Es geht bergab in das Tal des Altburger Bachs, der selbstredend auch wieder ein Schwindbach ist. An einem Wegweiser geradeaus zur Keltenfliehburg führt uns unsere Route hingegen links auf einen Pfad, der uns hinab zum **Altburger Bach** leitet. Nach knapp 500 Metern stoßen wir auf einen Querweg, nun folgen wir der Wegweisung nach rechts. Es lohnt sich jedoch, an dieser Stelle einen kleinen Abstecher nach links zu unternehmen, denn nach kurzer Strecke treffen wir hier auch wieder auf den Märzenbecher. Die Blüten wirken wie eine Armee aus weißen kleinen Lampenschirmen – wir haben diesen freundlichen Frühlingsboten in unser Herz geschlossen und verbleiben noch etwas an diesem Ort.

Streifzug 2 — Märzenbecher

Um der offiziellen Route zu folgen, müssen wir nun wieder ein Stück zurücklaufen, dann geht es immer entlang des Bachs. Der Pfad führt uns bald vorbei an faszinierenden Felsformationen. Zwar wirkt das Tal ein bisschen duster, da wir von dichtem Fichtenforst umgeben sind, durch den kaum Licht dringt – das betont aber die Wirkung der Felsen umso mehr. Wir erreichen nach kurzer Zeit dieser beeindruckenden Wegstrecke eine Brücke. Hier können wir uns entscheiden, auf welcher Seite des Bachs wir weiterwandern. Der offizielle Weg verläuft geradeaus. Alternativ können wir jedoch die Brücke überqueren und dem Bach rechts auf der anderen Seite folgen. Beide Wege führen aber wieder zusammen und zwar an einem botanischen Highlight, den **Wacholderheiden** und dem **Kalkmagerrasen**, die sich an den Südhängen des Altburger Bachtals erstrecken. Diese Hänge sind als wichtige ökologische Standorte und Kulturrelikte besonders schützenswert. Aufgrund der Topografie

1 Im Tal des Altburger Bachs
2 Baumpilz

des felsigen, wasserdurchlässigen Untergrunds waren diese steilen Hanglagen für eine landwirtschaftliche Nutzung nicht geeignet. Die Wälder, die hier ursprünglich standen, wurden zur Gewinnung von Brenn- und Bauholz über die Jahrhunderte gelichtet. Da man sonst nichts mit diesen Standorten anfangen konnte, dienten sie als Weide für Rinder, Ziegen und noch bis zur Mitte des 19. Jahrhunderts für Schafe. Die Pflanzen waren dem selektiven Verbiss der Tiere ausgesetzt, das heißt, alles, was stachelig, bitter oder giftig ist, wurde verschmäht. Durch diese Selektion ist eine außergewöhnliche Pflanzengesellschaft entstanden. Jetzt, im zeitigen Frühjahr, zeigt sich hier sehr üppig die Küchenschelle (siehe Seite 38), später kommen Orchideen hinzu wie das Manns-Knabenkraut, Thymian und Wiesen-Salbei und im Herbst zieren Deutscher und Gewöhnlicher Fransenenzian die Hänge.

Bald führt uns die Route 2 rechts in Serpentinen hinauf, Info-Tafeln zum Kalkmagerrasen und seinen Bewohnern stehen in regelmäßigen Abständen. Der Weg nach oben ist wunderschön, und wir sollten hin und wieder anhalten und zurückschauen, denn der Blick über das Tal und den gegenüberliegenden Hang hat fast schon Toskana-Charakter. Oben angekommen geht es links weiter, Bänke stehen parat, genau richtig für eine abschließende Rast mit Blick über den Trockenrasenstandort und die Wacholderheide. Nun ist es nicht mehr weit bis zum Ausgangspunkt, über die Höhe geht es dann bald auf einem steilen Pfad bergab, bis wir wieder auf den Weg stoßen, der uns nach links zum Parkplatz führt.

Streifzug 2

Service

Der Streifzug
Beste Zeit: März
Wanderung Route 2 der „Prümer Land Touren"
Start: Wanderparkplatz am Ortseingang
von Schönecken an der L 5
Länge: ca. 11 km
Navi: Schönecken, Lindenstraße/L 5
ÖPNV: mit Buslinie 201 Trier – Bitburg – Prüm bis
Haltestelle „Schönecken Lindenstraße"
www.rhein-mosel-bus.de

Einkehrmöglichkeiten
im Ort Schönecken

Hinweis
Festes und robustes Schuhwerk ist zu empfehlen,
da es an einigen Passagen der Wanderung rutschig
und matschig sein kann.

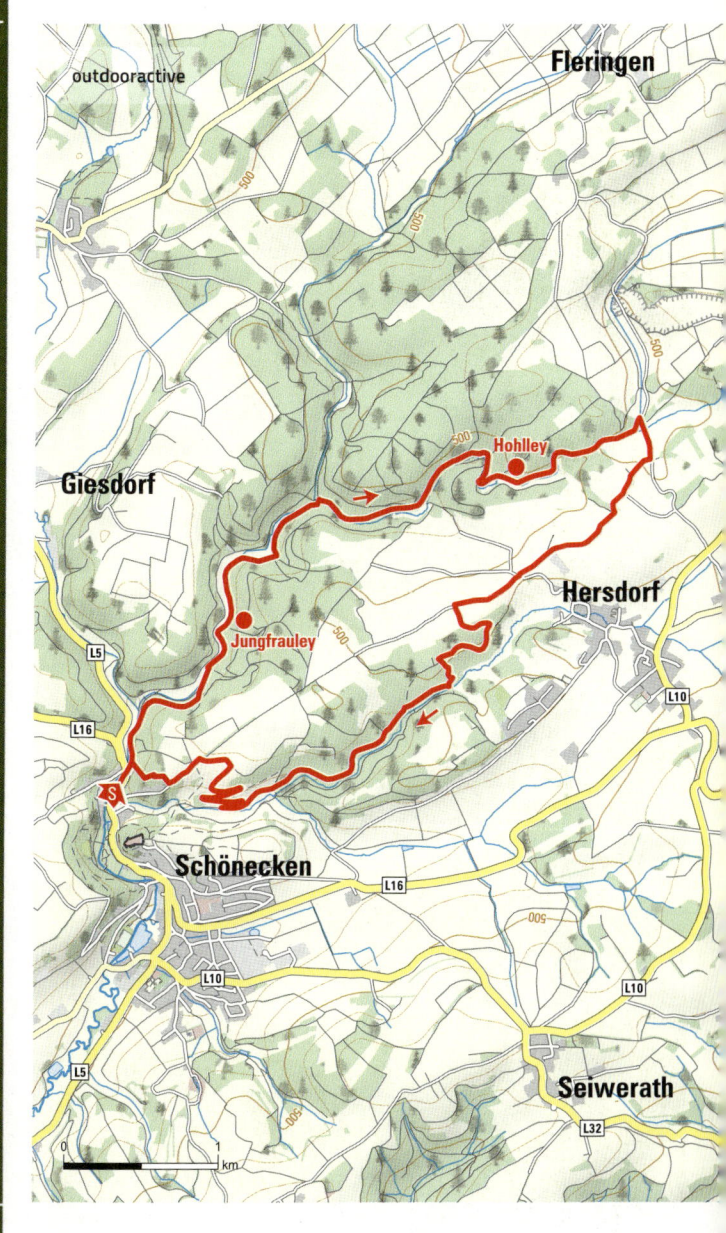

Streifzug 3

Küchenschelle

Der Bürvenicher Berg und eine kleine lila Pflanze

**Weitblick auf die Zülpicher Börde
und Zigtausende Blüten der Küchenschelle sind
die Trümpfe dieser Frühlingswanderung.**

Der Bürvenicher Berg, mehr eine Erhebung als ein Berg, besteht aus Dolomit- und Kalkgestein. Geologen zählen diese Gesteinsschichten zum sogenannten Muschelkalk, entstanden aus Meeresablagerungen vor etwa 200 bis 250 Millionen Jahren im Erdzeitalter der Trias. Durch die Erosion weitestgehend abgetragen ragen sie heute jedoch an manchen Orten, wie hier in Bürvenich, aus der Landschaft empor und sind als Kalkmagerrasenstandorte für Naturliebhaber von besonderem Interesse. Sie sind Lebensraum zahlreicher seltener Pflanzen- insbesondere Orchideenarten, die Schmetterlingen und anderen Insekten mit ihrem Nektar ein reiches Nahrungsangebot bescheren. Besonders wohl fühlt sich hier auch die Küchenschelle. Über 40.000 Exemplare dieser Pflanze haben Wissenschaftler vor einigen Jahren am Bürvenicher Berg gezählt – also nichts wie hin zu diesem außergewöhnlichen Ort!

Die Tour startet am **Wanderparkplatz** des Geologischen Wanderpfads Zülpich-Bürvenich. Hier befindet sich auch ein sogenannter **„Eifel-Blick"**, der uns eine besonders schöne Aussicht über die weite Landschaft der Zülpicher Börde bis ins Siebengebirge bietet. Wir befinden uns am Schnittpunkt der Niederrheinischen Bucht, zu der auch die Börde gehört, und der Erhebungen der Nordeifel. Aufgrund tektonischer Bewegungen wurde die Niederrheinische Bucht in der jüngeren geologischen Vergangenheit abgesenkt. In der Folge überzogen die Flüsse das Gebiet mit mächtigen Ablagerungen und während der Eiszeiten wehte ein feiner Staub, der Löss, herbei, der sich am Rand der Eifelhöhen ablagerte. Die Böden auf Löss sind sehr fruchtbar, sodass die Börde früh besiedelt und landwirtschaftlich genutzt wurde. Wir blicken somit auch weitestgehend über Äcker und Wiesen; Wald gibt es in der Börde nur wenig. Die zahlreichen römischen Relikte sowie die mittelalterlichen Burgen und Schlösser in der Börde sind stumme Zeugen dieser alten Kulturlandschaft.

Bevor wir vom Parkplatz losmarschieren, studieren wir noch die Info-Tafel, die uns auf die besondere Fauna und Flora des Bürvenicher Bergs aufmerksam macht. Dann gehen wir, die Autos im Rücken, nach rechts über einen Feldweg geradeaus und genießen den fantastischen Blick über die weite Landschaft. Nach knapp 400 Metern kommen wir zu einem Gehölzsaum und folgen hier der gelben Wegmarkierung an einem Pfahl, dem Wanderweg 3. Links und rechts begleiten Sträucher den Pfad. Wir sehen Weißdorn, Eiche, Schlehe und Holunder. Der Pfad führt uns weiter durch das **Naturschutzgebiet** des Bürvenicher Bergs. Bald gelangen wir auf den offenen Wiesenbereich, erspähen die ersten Exemplare der Küchenschelle und dann immer mehr von ihnen. Sie recken ihre Blüten empor, einige sind noch verschlossen, andere zeigen sich aber weit geöffnet. Darüber hinaus entdecken wir auch zahlreiche Exemplare der Schlüsselblume, die mit ihren gelben Blüten einen schönen Kontrast zum Lila der Küchenschelle bildet. Das bunte Blütenmeer nimmt uns gefangen, aber unsere besondere Aufmerksamkeit gilt der kleinen Pflanze, die mit einem silbrig-weißen Flaum bedeckt ist. Die Behaarung schützt die Blüte vor Kälte und dient der

Eifel-Blick am Startpunkt der Wanderung

Die Schlussetappe der Wanderung führt in den Ort Berg.

Pflanze als Schutz vor Verdunstung und intensiver Sonneneinstrahlung. Sie hat sich perfekt an ihren Standort angepasst, denn sie muss hier einiges aushalten. Die Böden sind nicht so tiefgründig und das Wasser versickert schnell im klüftigen Kalkgestein. Insbesondere die steilen Lagen sind zudem der Sonne ausgesetzt und mitunter weht hier auf dem waldlosen Gelände ein strenger Wind. Gefördert durch regelmäßige Mahd oder Beweidung, wie sie traditionell auf diesen extremen Standorten stattgefunden hat, konnte sich hier eine spezielle Pflanzengesellschaft niedrigwüchsiger, krautiger Pflanzen etablieren, die mit diesen Bedingungen gut zurechtkommt. Damit diese reiche Pflanzengesellschaft erhalten bleibt, wurde der Bürvenicher Berg bereits im Jahr 1985 unter Schutz gestellt und das Gelände mit Pflegemaßnahmen wie Mahd und Beweidung offen gehalten. Vergleichbar ist dieser Standort mit dem Kalkmagerrasen der Schönecker Schweiz (siehe Seite 30), allerdings ist das Kalkgestein, das den Untergrund des Bürvenicher Bergs bildet, sehr viel jünger. Rund 200 Millionen Jahre später wurde es abgelagert.

Wir wandern weiter durch das Blumenmeer, rechts können wir auf den kleinen Ort Berg schauen, wohin uns die Schlussetappe der Wanderung führt. Geradeaus gibt's ein Bänkchen. Gerade recht, um ein paar Minuten zu rasten und uns am Blick auf die Pflanzen und die Weite zu erfreuen.

Streifzug 3

Gewöhnliche Küchenschelle
(Pulsatilla vulgaris, Hahnenfußgewächs)

❀ Blühzeit: März bis Mai ❀ Größe: 5–30 cm
❀ Blüte aufrecht, glockenförmig, einzeln am Ende des Stängels, sechs gleichlange Blütenblätter, zahlreiche gelbe Staubblätter, zahlreiche Fruchtblätter ❀ Blätter zwei- bis dreifach gefiedert, entwickeln sich erst nach der Blüte ❀ sonnig, kalkhaltige Böden, Kalkmagerrasen, lichte Kiefernwälder ❀ geschützt ❀ giftig, Heilpflanze

Sie ist interessanter, als man denken könnte: Die zierliche Pflanze ist eine Überlebenskünstlerin auf einem extremen Standort. Auffällig ist ihre dichte Behaarung. Die silbrig-weißen Härchen reflektieren das einfallende Sonnenlicht und wirken zudem als Verdunstungsschutz, was es der Küchenschelle ermöglicht, sonnige und trockene Standorte zu besiedeln. Dabei hilft ihr, dass sie lange Pfahlwurzeln ausbildet, damit kann sie auch in tieferen Bodenschichten Wasser beziehen.

Die Küchenschelle ist jedoch giftig, sie enthält den Giftstoff Protoanemonin, der in allen Pflanzenteilen enthalten ist. Schon Berührungen mit der Pflanze können zu Hautreizungen führen. In getrocknetem Zustand verliert sie jedoch ihre Giftwirkung. Als Heilpflanze findet sie heute vor allem in der Homöopathie bei verschiedenen Beschwerden Verwendung.

Warum heißt die Pflanze Küchenschelle? Da ihre glockenförmige Blüte an eine Kuhglocke erinnert, nannte man sie ursprünglich verniedlichend „Kühchen-Schelle". Das „h" ist im Laufe der Zeit verschwunden und nun heißt sie eben Küchenschelle.

Bei Insekten ist die Küchenschelle als Nahrungsquelle heiß begehrt, da sie viel Nektar produziert. Allerdings ist sie in ihrem Bestand bedroht, da ihr Lebensraum durch Besiedlung und die Intensivierung der Landwirtschaft zunehmend vernichtet wird. Die Pflanze steht unter Naturschutz. Pflücken verboten!

Streifzug 3

1 Küchenschellen besiedeln den Kalkmagerrasen.
2 Kiefer auf dem Bürvenicher Berg
3 Rinder weiden am Fuße des Tötschbergs.
4 Ein Fohlen beäugt die Wanderer.

Der Pfad führt uns weiter über den Bergrücken und zu einem stattlichen Kreuz, wohl das Gipfelkreuz. Hier folgen wir immer den gelben Stelen und dem Schild des Eifelvereins „Wanderung 3". Bald wandern wir entlang eines Gehölzsaums links über einen Wiesenweg bergab. Kurz darauf führt uns der Weg nach rechts, und wir gelangen wieder zu einer Wiese, auf der die Küchenschelle blüht. Der Pfad, hier muss man an manchen Stellen etwas trittfest sein, führt uns nun über das weite Areal. Unter einer eigenwillig geformten Kiefer wandern wir hindurch. Noch einmal bestaunen wir diese außergewöhnliche Wiesenlandschaft und genießen den Ausblick und die Blümchen zu unseren Füßen. Bald wird sich der Charakter unserer Wanderung ändern, denn wir verlassen das Kerngebiet des Magerrasens und verabschieden uns von der Küchenschelle und ihren Gefährten. Am Ende der Wanderung können wir sie allerdings nochmals besuchen.

Wir folgen den gelben Stelen erneut entlang von Gebüschen und Sträuchern. Links öffnet sich wieder ein schöner Blick über das weite Land. Kurz darauf stoßen wir auf einen Feldweg, hier halten wir uns links, nach ein paar Metern biegt der Weg rechts ab und geradeaus geht es über die Felder und Wiesenlandschaft bergab. Rechts können wir schon den Tötschberg sehen, auf den wir bald hinaufkraxeln. An einer Weide mit Obstbäumen begrüßen wir einige Pferde, die neugierig zu uns an den Zaun trappeln. Wir passieren die Koppel und gehen dann direkt dahinter rechts auf dem Grasweg weiter. Kurz darauf sehen wir den Wegweiser für den Wanderweg 3, der uns nach links zur Straße führen würde. Doch wir ignorieren ihn und wandern geradeaus weiter. Später werden wir wieder auf ihn stoßen. Nach wenigen Metern kommen wir zu einer Straße. Wir folgen dieser für ein paar Meter nach rechts, um dann links auf der anderen Straßenseite auf einen Pfad zu wechseln, der uns nun schnurstracks über ein Brückchen über den **Bergbach** führt. Dann geht es links und kurz darauf rechts um eine Weide herum. Entlang des Weidezauns stapfen wir gut 100 Meter bergauf bis zu einem kleinen Gatter. Der Aufstieg bringt uns etwas außer Atem, aber am Gatter blicken wir nochmals zurück und verschnaufen mit einer tollen Aussicht. Ein bisschen Gymnastik für die Augen, denn wann schauen wir heutzutage mal in die Ferne.

Streifzug 3

1. Von Weitem sichtbar – die Hubertus-Kapelle
2. Gelbe Pfähle weisen den Weg.
3. Der Ort Berg mit der Burg im Vordergrund
4. Die Tafel weist auf das 1.000-jährige Ortsbestehen hin.

Nun wandern wir rechts, immer den gelben Pfählen folgend, am Waldrand entlang. Oben auf der Höhe stoßen wir auf einen Feldweg und blicken links auf eine Kapelle, die einsam auf dem Tötschberg thront. Es ist die **Hubertus-Kapelle**, die erst im Jahr 2005 auf Eigeninitiative der Bewohner des Orts Floisdorf errichtet wurde. Bald werden wir sie noch etwas besser sehen. Wir wandern rechts weiter entlang eines Gehölzsaums, in dem die Vögel munter zwitschern. Sobald wir das Feld umrundet haben, kommen wir zu einer Bank, die uns einen direkten Blick auf die Kapelle, aber auch in die Ferne über die Eifellandschaft ermöglicht. Ein schöner Platz für eine Rast. An der Info-Tafel zum Kalkmagerrasen gehen wir weiter, immer am Waldrand entlang. Links können wir schon den Ort Floisdorf sehen und die Wiesen und Felder drum herum. Wir treffen nun auch wieder auf den Wanderweg 3, den wir ab jetzt nicht mehr verlassen. Es geht in Richtung Berg. Nach einem knappen Kilometer stoßen wir auf eine Straße, überqueren diese und gehen ein paar Meter nach links, dann leitet uns der Wanderweg 3 rechts weiter über einen Feldweg. Entlang eines Ackergehölzsaums spazieren wir leicht bergauf über die Felder. Rechts blicken wir auf den Ort **Berg**, der sich mit seiner Burganlage pittoresk in der Landschaft ausmacht. Gleich werden wir ihn erreichen, denn sobald wir auf einen asphaltierten Weg stoßen, führt uns die Route rechts bergab nach Berg hinein. Wir überqueren

erneut den Bergbach und über die kleine **St. Willibrordstraße** gelangen wir auf die Hauptstraße des Orts. Hier gehen wir rechts und durchstreifen das Eifler Straßendorf, das ein ländlich-verträumtes Flair verströmt. Entlang putziger Fachwerkhäuser im Schatten der Kirche gelangen wir rasch zum Ortsausgang

Streifzug 3 Küchenschelle

und zur **Burg**, die bereits im Jahr 699 Erwähnung fand. Die heutige Anlage wurde jedoch erst im 12. Jahrhundert als Wasserburg gestaltet. Von dem Wassergraben sieht man aber mittlerweile nichts mehr.

Kurz vor der Burg zweigt eine Straße links ab. Gemächlich geht es nun entlang des Sträßchens bergab weiter, wir überqueren den **Mausbach**, dessen Verlauf durch Ufergehölze markiert wird. Wir wandern immer auf dem Weg durch die Felderlandschaft und blicken nun auf die Rückseite des Bürvenicher Bergs zur Rechten. Wer nun schon Sehnsucht verspürt, die Küchenschelle nochmals zu besuchen, der biegt nach einigen Hundert Metern entlang der Felder rechts ab, und zwar an der Stelle, wo das Naturschutzschild schon von Weitem sichtbar ist. Dann gelangt man wieder zum Ma-

Die Pflanze mit dem Federschweif

Optisch interessant und biologisch clever ist der Fortpflanzungsmechanismus der Küchenschelle. So bilden ihre Fruchtblätter Nüsschen aus, die auf einem behaarten Federschweif sitzen. Im Zuge der Fruchtreife verlängert sich dieser Schweif um fast das Doppelte. Durch Wind wird er dann vom Fruchtkörper gerissen und fortgetragen. Ist das Wetter feucht und windstill, können die Federschweife am Fell vorbeiziehender Tiere haften bleiben. Als dritte Option kann sich die Frucht aber auch selbstständig als Bodenkriecher von der Mutterpflanze entfernen. Der lange Federschweif und die Behaarung der Pflanze haben ihr wohl auch die etwas abwertenden Volksnamen „Bocksbart" oder „Teufelsbart" eingebracht.

1 **Die Burganlage in Berg**
2 **Wegabzweig auf der Schlussetappe – rechts geht es wieder zum Bürvenicher Berg.**

gerrasen mit der lila Blütenpracht und von dort aus zum Parkplatz zurück. Wir wandern jedoch noch ein Stück weiter, bis wir aus dem Tälchen empor auf die Höhe kommen und Windräder in unser Blickfeld rücken. Hier geht es rechts ab und dann sofort wieder links am Feld vorbei. Wir stoßen auf einen asphaltierten Weg, der uns nun in den Wald hineinleitet. Für ein kurzes Stück laufen wir noch unter dem grünen Blätterdach, bis wir wieder mit einem spektakulären Weitblick den Ausgangspunkt der Wanderung erreichen.

Streifzug 3

Service

Der Streifzug

Beste Zeit: Mitte März bis Anfang April
Wanderung rund um den Bürvenicher Berg
Start: Wanderparkplatz Heimatblick/
Geologischer Wanderpfad
Länge: ca. 7 km
Navi: Waldstraße, Bürvenich; von der Waldstraße nach rund 300 Metern rechts abbiegen und dem Schild „Parkplatz Geologischer Wanderpfad" folgen
ÖPNV: keine direkte Anbindung zum Wanderparkplatz

Hinweis

Die Wanderung führt fast ausnahmslos über Felder und Wiesen und bietet kaum Schatten, das ist schön im Frühjahr, aber man sollte trotzdem an eine Kopfbedeckung und eine Windjacke denken, denn auf dem Bürvenicher Berg ist es mitunter recht zugig.

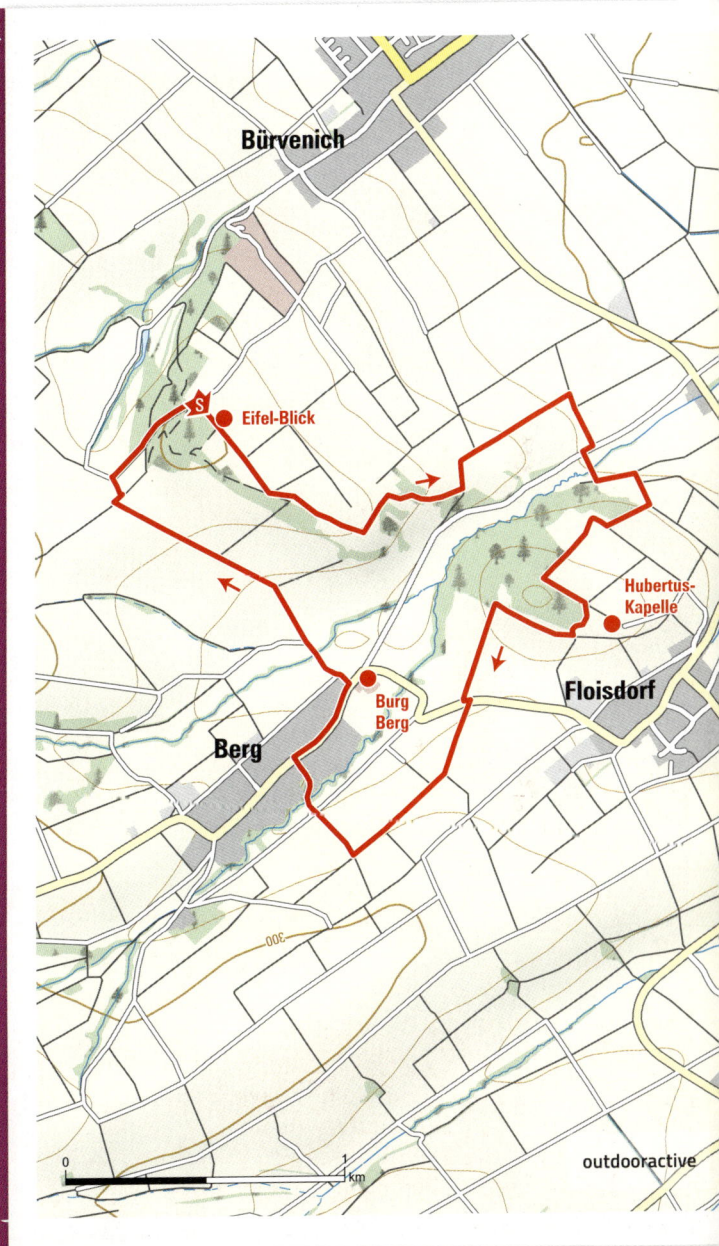

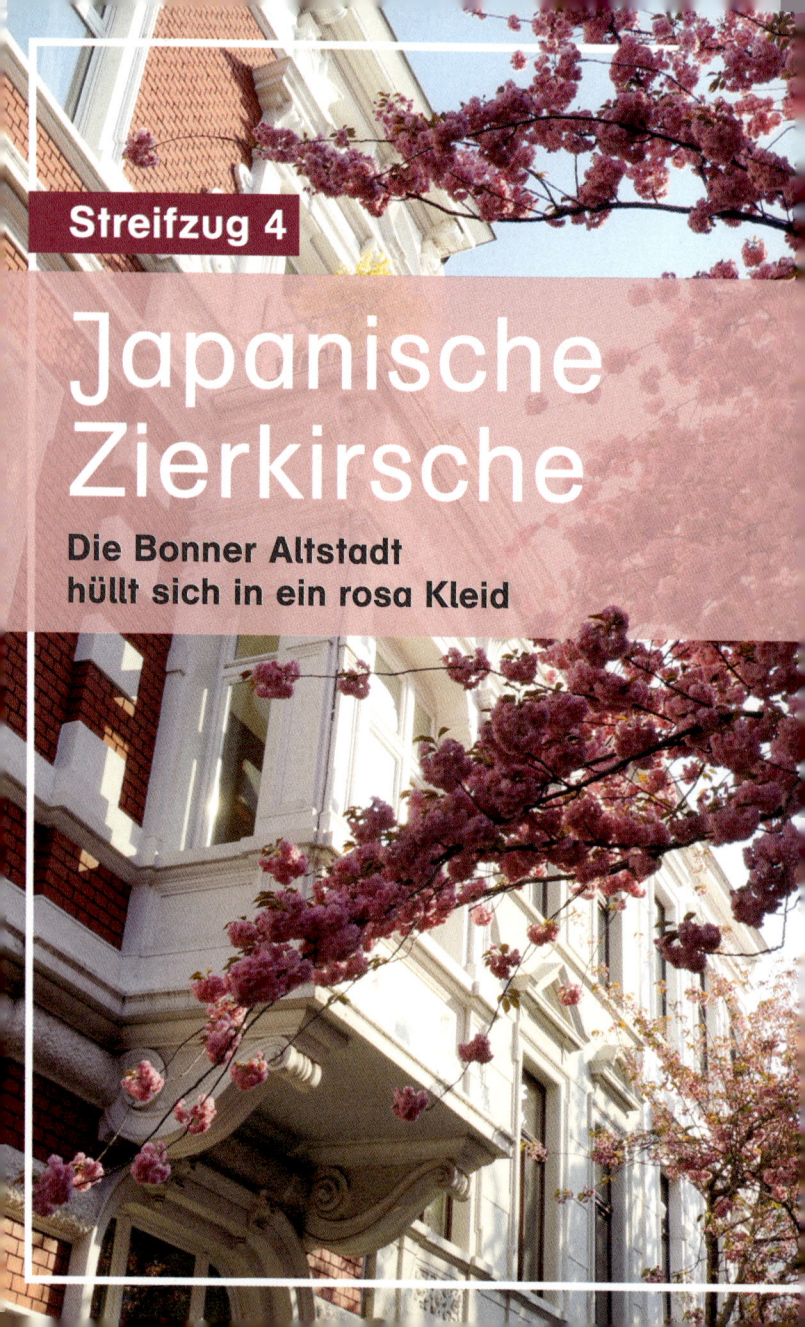

Streifzug 4

Japanische Zierkirsche

Die Bonner Altstadt hüllt sich in ein rosa Kleid

**Rosa, rosa, rosa – wohin man auch schaut.
Die Blüte der Kirschbäume in der Bonner Altstadt
ist längst kein Geheimtipp mehr,
aber zauberhaft nach wie vor.**

Wie so oft im Leben ist der Zufall mit im Spiel … Als sich in den 1980er-Jahren Stadtplaner ans Werk machten, die Bonner Altstadt zu sanieren, entschieden sie sich zur Begrünung der Straßen für die Anpflanzung von Weißdorn-Bäumen. Doch da diese gerade nicht lieferbar waren, fiel die Wahl stattdessen auf die Japanische Zierkirsche. Ein Glücksgriff, wie sich später herausstellen sollte. Denn heute erstrahlt jedes Jahr im Frühling die Altstadt im Rosa der Kirschblüten und Heerscharen von Besuchern aus dem In- und Ausland bevölkern die Straßen, um sich dieses Farbspiel anzusehen.

Das Zentrum der Bonner Altstadt, die nichts mit der im Zweiten Weltkrieg zerstörten historischen Altstadt zu tun hat, sondern nur wegen ihrer kleinen, verwinkelten Gassen als solche bezeichnet wird, erstreckt sich zwischen Stadthaus, Bornheimer Straße, Kaiser-Karl-Ring und Kölnstraße. Ende des 19. Jahrhunderts entstanden war es vor allem ein Wohngebiet der unteren Mittelschicht. Drei- bis viergeschossige Häuser, dichte Bebauung, enge Straßen, Hinterhöfe mit zahlreichen kleinen Gewerbe- vor allem Handwerksbetrieben. In den 1970er-Jahren präsentierte sich das Viertel als ziemlich heruntergekommen. Sanierungsbedürftige Fassaden, kein Grün und vor allem viel Verkehr. In den Jahren 1984 bis 1994 erfolgte dann eine „behutsame" Sanierung des Viertels unter Beteiligung der Anwohner, deren Wünsche und Bedürfnisse berücksichtigt werden sollten. In der Folge wurden die Straßen verkehrsberuhigt, Hinterhöfe und Fassaden saniert, öffentliche Grün- und Begegnungsstätten geschaffen und vieles mehr. Zu ihren Wünschen bezüglich der Straßenbegrünung befragt äußerten viele Anwohner, man solle gar keine

Streifzug 4 — Japanische Zierkirsche

Bäume pflanzen oder wenn, dann nur sehr kleine. Bäume nehmen Platz und Licht weg, hieß es als Begründung. Und dann kam der nicht allzu große Weißdorn ins Spiel, der Rest der Geschichte ist bekannt …

Wir möchten uns diese schöne Blütenpracht, die nur für einen sehr kurzen Zeitraum von 10 bis 14 Tagen zu bestaunen ist, nicht entgehen lassen und machen uns auf nach Bonn. Über die **Breite Straße** schlendern wir hinein in den Kernbereich der Altstadt und sind beeindruckt von der Farbgewalt der blühenden Bäume entlang der Straße. Das Rosa der Blüten ist in der Fülle doch sehr überwältigend. Schon bald bemerken wir, dass wir falsch gekleidet sind. Viele der zahlreichen Besucher haben sich passend ein rosa- oder violettfarbenes Hemd beziehungsweise Kleid angezogen oder sich zumindest ein farbig abgestimmtes Accessoire zugelegt. Diesen Dresscode merken wir uns für das nächste Jahr.

Die Bonner Altstadt im Blütenrausch

Die Breite Straße ganz in Rosa

Wir spazieren die Breite Straße noch etwas auf und ab und freuen uns an den Blüten und dem munteren Treiben auf der Straße. Viele Besucher sind gekommen, darunter zahlreiche Japaner, denn für sie hat die Kirschbaumblüte mit dem Fest „Hanami" eine ganz besondere Bedeutung (siehe Seite 56 f.). Trotz der Menschenmenge, die sich durch die Straßen zieht, gibt es kein unangenehmes Gedränge oder Gerempel. Das Rosa der Blüten vor dem strahlend blauen Himmel, der uns heute vergönnt ist, sorgt für gute Laune.

Geschäfte, Restaurants, Cafés – alles ist offen, Menschen treten ein und aus. Zur Zeit der Kirschblüte finden in der Altstadt zahlreiche Veranstaltungen statt wie Lesungen, Konzerte oder Yoga-Kurse. Und alle beteiligen sich, die Anwohner, Geschäftsleute und Gastwirte. Sie machen die Zeit der Kirschblüte zu einem Fest für das Viertel, für sich und die Besucher. Über die **Dorotheenstraße** gelangen wir nun zur **Heerstraße** und befinden uns damit auf einem Teil einer

Streifzug 4

Japanische Zier- oder Blütenkirsche
(Prunus serrulata, Rosengewächse)

- Blühzeit: kurz, April bis Mai
- Größe: 3–10 m, je nach Sorte, Wuchsform je nach Sorte als ausladender Baum mit trichterförmiger Krone bis zu säulenförmigem Wuchs, gefüllte oder halbgefüllte Blüte, doldenförmig, Blütenfarbe Weiß, Hellrosa, Rosa. je nach Sorte
- Blätter elliptisch bis eiförmig, Blattrand gesägt
- sonnig bis halbschattig, frischer, nährstoffreicher Boden, keine Trockenheit

Die Japanische Zier- oder Blühkirsche wird schon seit über Tausend Jahren in Japan kultiviert, gelangte aber erst zu Beginn des 19. Jahrhunderts nach Europa. Als Zierbaum in Parks und Gärten ist er wegen seiner schönen Blütenpracht sehr begehrt und trotz seines zarten Äußeren ein robuster Baum, der relativ wenig Ansprüche stellt.

Die Bäume gehören wie auch unsere Süßkirsche zur Gattung Prunus, was aus dem Lateinischen übersetzt eigentlich Pflaumenbaum heißt. In dieser Gattung vereinigen sich zahlreiche steinfruchtbildende Obstbäume wie auch die Mirabelle oder eben die Pflaume. Früchte bildet die Japanische Zierkirsche aber kaum oder gar nicht, denn wie es der Name schon sagt, sind es reine Zierbäume. Es gibt zahlreiche Sorten, die bekanntesten sind die Sorten Kanzan, benannt nach einem Berg in China, oder die etwas kleinere Sorte Amanogawa. Dies bedeutet im Japanischen „Himmlischer Fluss", womöglich eine Anspielung auf die schmale Gestalt des Baums. Um eine besonders üppige Blüte zu erhalten, haben sich durch Züchtung die Staubblätter komplett oder teilweise zu Blütenblättern entwickelt. Man spricht hier von gefüllten Blüten wie bei der Sorte Kanzan oder halbgefüllten Blüten wie bei Amanogawa. Optisch eine Bereicherung, ökologisch aber nicht sinnvoll, bieten diese Blüten Insekten keine Möglichkeit, Nektar zu sammeln.

Streifzug 4 Japanische Zierkirsche

alten Römerstraße, die einst zum benachbarten Römerlager und nach Köln führte. Kopien römischer Funde wie ein Grab- oder ein Meilenstein sind auf der Heerstraße aufgestellt und nehmen Bezug auf die Geschichte, gleichzeitig dienen sie aber auch der Verkehrsberuhigung.

Fotos werden gemacht – Selfies natürlich, aber auch ganz klassisch mit der Kamera und mitunter beeindruckenden Objektiven. Manche knipsen einfach so rum, einige versuchen sich als Künstler. Und so einfach ist es nicht, den Straßenzug mit der Allee aus rosa Blüten in optimalem Licht und Winkel abzulichten. Vermutlich zählt die Heerstraße zu einer der am meisten fotografierten Straßen der Welt.

Die Pflanzung der Kirschbäume in der Altstadt wurde mit Bedacht gewählt. Die Bäume entlang der Heer- und Breite Straße sind größer und ihre prallen Blüten erstrahlen in einem

Nomen est omen – Café in der Heerstraße

Unter einem Blütendach

kräftigen rosa Farbton. Ihre Kronen schließen sich zu einem Blätterdach zusammen, sodass man wie durch einen Blütentunnel läuft. Es sind Bäume der Japanischen Nelkenkirsche (Prunus serrulata) der Sorte Kanzan. In den engen Seitenstraßen finden sich hingegen Exemplare der kleineren Säulenkirsche (Prunus serrulata ‚Amanogawa'). Sie haben zartrosa Blüten. Somit werden die kleineren Straßen nicht so sehr beschattet und die Wohnungen erhalten mehr Licht. Die verschiedenen Kirschbaumsorten blühen zudem etwas zeitversetzt, zunächst strecken die Bäume in den Seitenstraßen ihre Blüten gen Himmel, erst zum Schluss folgen als Höhepunkt die kräftigen Kirschbäume in der Heer- und Breite Straße. Eine geschickte Inszenierung.

Vielleicht weil Lila die Farbe der Frauenbewegung ist, befindet sich unweit der Heerstraße auch das international beachtete **Frauenmuseum**. Als es 1981 gegründet wurde, war es das Erste seiner Art weltweit. Es zeigt Kunst von Frauen, renommierten wie Käthe Kollwitz, Maria Lassning, Ulrike

Streifzug 4 — Japanische Zierkirsche

Rosenbach oder Katharina Sieverding, aber auch Werke noch unbekannter Künstlerinnen. Das Museum widmet sich zudem Themen der Frauengeschichte. Lohnenswert, auch für Männer.

Der Nachmittag neigt sich dem Ende zu, bis zum Abend möchten wir nicht bleiben, obwohl wir damit etwas verpassen. Denn abends werden die Bäume angestrahlt und die Blüten leuchten rosarot in den Nachthimmel. Beim nächsten Mal …

Prachtvoll – Blüten der Sorte Kanzan

Hanami

Neigt sich die kurze Zeit der Kirschblüte ihrem Ende zu, ist der Boden bedeckt mit rosa Blüten, bis auch diese irgendwann nicht mehr zu sehen sind. Schön, aber schnell vergänglich ist die Kirschblüte, die die Japaner „Sakura" nennen. Sie feiern sie jedes Jahr mit einem großen Volksfest, dem „Hanami". Dieses Fest ist der Höhepunkt im japanischen Kalenderjahr. Man trifft sich mit der Familie oder Freunden in Parks und Gärten zum gemeinsamen „Blüten gucken" – „Hana" bedeutet Blume und „mi" betrachten. Ausgestattet mit Reiswein, traditionellen Gerichten und natürlich einer Picknickdecke – dabei haben sich blaue Plastikplanen als Unterlage etabliert – trifft man sich unter einem blühenden Kirschbaum zum Feiern. Da man in der kurzen Blütezeit den richtigen Augenblick nicht verpassen möchte, ist das Studieren der „Kirschblütenfront" unabdingbar. Darunter versteht man die Vorhersage, wann die Kirschblüten wo angefangen haben zu blühen. Die Blüte beginnt im Süden Japans meist schon Mitte bis Ende März und zieht dann weiter nach Norden, wo sie Ende April, Anfang Mai eintrifft.

Das Fest wird in Japan schon seit mehr als Tausend Jahren begangen. Man feiert das Aufblühen nach dem Winter, somit steht die Sakura nicht nur für die perfekte Schönheit, sondern auch für Aufbruch. Die Kirschbäume tragen keine für den Menschen nutzbaren Früchte, die Japaner lieben die Blüte allein wegen ihres ästhetischen Werts. In Japans Großstädten sind die Hälfte aller Bäume Kirschbäume, wenn diese erblühen, ist es ein Fest in Rosa. Bezaubernd sind die Blütenstürme, wenn der Wind die Blüten massenweise von den Bäumen trägt. Schön, aber auch etwas melancholisch, läutet es doch das Ende der Blühzeit ein. Das japanische Sprichwort „Mono no aware", das man wörtlich nicht übersetzen kann, drückt dies gut aus. Es ist das sich Abfinden mit der Vergänglichkeit, eine milde Trauer über den Moment, wenn das Schöne vergeht. Nichts ist von Dauer.

Service

Der Streifzug

Beste Zeit: Anfang bis Mitte April
(dem Blog der Internetseite www.kirschbluete-bonn.de folgen,
hier wird der aktuelle Stand der Blüte angegeben)
Parken/Navi: Stadthausgarage, Weiherstraße 6, 53111 Bonn,
oder Friedensplatzgarage, Oxfordstraße 23, 53111 Bonn
ÖPNV: von Bonn Hbf. mit Stadtbahnlinie 66, 62 oder
61 bis Haltestelle „Stadthaus"

Führungen

Regelmäßig zur Blütezeit bietet Brigitte Denkel,
die als Stadtplanerin die Sanierung des Viertels mit betreut
hat, an verschiedenen Terminen Führungen durch die Altstadt
an. Sehr engagiert berichtet sie von der Umgestaltung des
Viertels und zeigt vor Ort die Veränderungen, die die Altstadt
erfahren hat. Dauer ca. 1 Stunde, kostenlos. Treffpunkt Fotogeschäft Print & Paint, Heerstraße 71, 53111 Bonn, weitere
Infos und Termine unter www.kirschbluete-bonn.de.

Veranstaltungen

Das Veranstaltungsprogramm zur Zeit der Kirschblüte
findet sich unter: www.kirschbluete-bonn.de.

Sehenswert

Frauenmuseum
Im Krausfeld 10
53111 Bonn
Tel. 0228/69 13 44
www.frauenmuseum.de
Öffnungszeiten: Di–Sa 14–18 Uhr, So 11–18 Uhr

Streifzug 5

Gelbe Narzisse

**Durch das Perlenbach-
und Fuhrtsbachtal**

**Ein Fest in Gelb ist die Narzissenblüte
in der Eifel – ein einzigartiges Naturschauspiel.
Die seltene Pflanze zeigt sich hier
in Scharen und erfreut den Menschen.**

Rund 14 Millionen Narzissen tauchen jedes Jahr im April die Wiesen des Perlenbach- und Fuhrtsbachtals in ein gelbes Blütenmeer und locken die Menschen hinaus in das deutsch-belgische Grenzgebiet. Die Narzissenwanderungen sind mittlerweile ein Klassiker, aber ein ganz besonders schöner.

Die Wiesen in den recht hoch gelegenen, vom feuchten atlantisch geprägten Klima beeinflussten Tälern des Perlen- und Fuhrtsbachs zeichnen sich durch einen großen Artenreichtum aus. Rund 360, darunter zahlreiche sehr seltene und bedrohte, Pflanzenarten finden sich hier. Ebenso vielfältig ist die Fauna: Muscheln und Schnecken, Schmetterlinge, Libellen, Vögel, hier kreucht und fleucht es überall und auch der Biber hat sich in den Tälern eingerichtet. Doch das war nicht immer so, das Paradies war bedroht. Was war passiert?

Die Täler wurden jahrhundertelang als Mähwiesen oder Weideland genutzt. Um den Wiesen die Nährstoffe wiederzugeben, die durch die Heuentnahme verloren gingen, wurden sie auf ganz spezielle Art gedüngt, und zwar mit sogenannten „Flüxgräben". Zur Zeit der Schneeschmelze, wenn die Bäche einen hohen Anteil an mineralischen Schwebekörpern enthalten, wurden die Bäche aufgestaut und in Gräben umgeleitet. Über diese Flüxgräben rieselte dann das Wasser über die Wiesen, ließ den Schnee schmelzen und fein dosiert wurden den Wiesen Nährstoffe zugeführt. Anfang des 19. Jahrhunderts rentierte sich diese recht aufwendige Bewirtschaftungsform nicht mehr. Nach und nach gaben die Bauern die Heuwiesen auf. In den 1950er-Jahren wurden die Täler dann großflächig mit Fichte aufgeforstet. Dieser Baum wächst schnell und war ein wichtiger Rohstoff, der den

Streifzug 5 — Gelbe Narzisse

Menschen in den Mangeljahren nach dem Zweiten Weltkrieg eine Existenzgrundlage bot. Die Fichte verdrängt jedoch die an diesem Standort über Jahrhunderte entwickelte Wiesenvegetation und somit auch die Gelbe Narzisse.

Um die artenreiche Vegetation zu erhalten beziehungsweise wieder zurückzuführen, wurde das Fuhrtsbach- und Perlenbachtal 1976 unter Naturschutz gestellt. Durch Rodung der Fichtenbestände im Tal und regelmäßige Mahd zeigt sich heute wieder ein buntes Bild an Pflanzen und Tieren. Die Gelbe Narzisse hat sich auch wieder angesiedelt und bildet in den Tälern sehr große Bestände. Allerdings findet man sie in Deutschland nur noch im Hunsrück und in der Eifel. Um diese seltene Pflanze mit ihren gelben Blüten zu sehen, brechen wir auf zur Frühjahrswanderung.

Wir starten am **Nationalpark-Tor Monschau-Höfen**. Vom Parkplatz aus wandern wir links auf einem Weg, der uns entlang von Feld und Wiese in Richtung „Perlbachtalsperre" bis zum Waldrand führt. Dort folgen wir dem Pfad, der uns bald links recht steil hinunter durch den Wald ins Tal leitet. Nach circa 300 Metern sind wir unten an den Ausläufern der Talsperre angekommen und folgen hier für knapp 800 Meter dem Weg nach links in Richtung „Fuhrtsbachtal". Wir stoßen auf die Straße „Mühlenweg", rechts sehen wir die **Perlenbacher** oder auch **Höfener Mühle**, eine ehemalige Getreidemühle aus dem 19. Jahrhundert. Heute beherbergt sie ein Restaurant.

Unterhalb der Perlenbachtalsperre

Breit ist der Wanderweg durch das Perlenbachtal.

Wir können uns nun entscheiden, in welche Richtung wir die Wanderung gehen möchten, ob zunächst durchs Perlenbach- oder durchs Fuhrtsbachtal. Die Wahl fällt auf den **Perlenbach** und damit wandern wir die Route entgegen dem Uhrzeigersinn. Auf der Straße „**Mühlenweg**" gehen wir, die Mühle zu unserer Rechten, ein kurzes Stück (circa 200 Meter) rechts hinauf und auf der gegenüberliegenden Straßenseite links auf einen Weg mit einer Schranke.

Der Weg führt uns nun für rund drei Kilometer entlang des Perlenbachs, der auf diesem Streckenabschnitt immer links von uns bleibt. Seinen Namen bekam er deshalb, weil es hier tatsächlich Perlen gab, eingeschlossen in der Flussperlmuschel. Die Bestände der Muschel waren bedroht, da sie an bestimmte Standortbedingungen angepasst ist, die durch die Aufgabe der Wiesenwirtschaft verloren gingen. Erst durch die Unterschutzstellung des Gebiets und die Renaturierung des Bach- und Talsystems erholte sie sich wieder. Auch die Überfischung der begehrten Muschel hat einen Beitrag zu ihrer Dezimierung geleistet.

Streifzug 5

Gelbe Narzisse
(Narcissus pseudonarcissus, Narzissengewächse)

※ Blühzeit: März bis April ※ Größe: 15–40 cm
※ Blüte mit sechs gelben Blütenblättern, in der Mitte glockenförmige Nebenkrone, sechs Staubblätter, Blüte einzeln am Ende des Stängels, Blütenfarbe Gelb
※ meist zwei bis vier schmale, spitz zulaufende Laubblätter mit einer wachsartigen, wasserabweisenden Oberfläche
※ sonnig, halbschattig, lichte Wälder und Wiesen, feucht, kalkarmer Boden ※ giftig ※ geschützt

Die Gelbe Narzisse ist die Wildform der Osterglocke, die im Frühjahr Gärten und Parkanlagen ziert. Die wilde Schwester ist jedoch insgesamt etwas kleiner und die Blüten sind etwas blasser als die der Zuchtform. Wie für Frühjahrsblüher typisch bildet die mehrjährige Pflanze Zwiebeln, aus denen im Frühjahr der Stängel emporwächst und die Blätter und Blüten hervorbringt. Zur Vermehrung kann sie wie der Krokus und andere Zweibelpflanzen Tochterzwiebeln ausbilden. Alternativ vermehrt sie sich durch Samen, diese verbreiten sich durch Wind oder mithilfe von Tieren.

Die Pflanze ist sehr giftig. Analog zum Märzenbecher (siehe Seite 24), der auch zu den Narzissengewächsen gehört, enthält sie das Alkaloid Lycorin. Dieses befindet sich vor allem in der Zwiebel. Vergiftungserscheinungen beim Verzehr sind Übelkeit, Durchfall, Schock.

Die ursprüngliche Heimat der Narzisse ist Südwesteuropa, von dort breitete sie sich im Mittelmeerraum, in Westeuropa und Nordafrika aus. Bereits im 16. Jahrhundert gelangte sie als Gartenkulturpflanze zu größerer Verbreitung. Als wildwachsende Pflanze besiedelte sie ursprünglich lichte Auen und Schluchtwälder. Als die Menschen begannen Wälder zu roden und Wiesenareale zu schaffen, konnte sie an diesem Standort aber schnell heimisch werden und bildet dort meist große Bestände. Heute ist die Pflanze in ihrer natürlichen Verbreitung sehr selten geworden und steht unter Naturschutz.

Streifzug 5 Gelbe Narzisse

Am Anfang der Route umgibt uns noch Fichtenwald, den, wie wir wissen, die Narzissen gar nicht mögen. Erst später begleiten Laubbäume den Bachlauf, meist Birken oder Erlen. Da die Bäume noch kein Laub tragen, ist alles noch etwas winterlich, aber die Frühlingssonne wärmt uns. Und da, auf der anderen Seite des Bachs, können wir die Narzissen erkennen. Sie stehen zu Hunderten auf der Wiese und ihre gelben Blüten zaubern Frühlingsstimmung herbei. Bald werden wir sie besser sehen können und direkt an den Wiesen entlanglaufen. Wir wandern noch ein bisschen weiter, bis links ein Weg abzweigt und uns zum **Unteren Steg** führt. Hier sind wir dem Perlenbach nun sehr nahe und an warmen Tagen wäre diese Stelle geeignet für ein erfrischendes Fußbad. Bank und Tisch stehen auch bereit für ein kleines Picknick. Wir überqueren den Bach, der in der Folge nun rechts von uns verläuft, und gehen dann rechts weiter. Unsere Route führt uns nun durch den Talgrund und entlang der großen Narzissenwiesen. Da wir uns hier in einem Naturschutzgebiet befinden und wir zudem Pflanzenfreunde sind, beachten wir natürlich die Regeln. Das Pflücken der Pflanze ist ebenso verboten wie das Verlassen der Wege!

An manchen Stellen tritt das Gestein offen zutage.

Narzissenblüte verpasst?

Wer die Zeit der Narzissenblüte verpasst oder die Blüte schon gesehen hat, der sollte Perlenbach-, Fuhrtsbach- oder das benachbarte Olefbachtal einfach später besuchen. Denn ist die Narzisse verblüht, treten andere Pflanzen an ihre Stelle und sind nun die Hauptdarsteller in dem Blühspektakel. So überzieht ab Juni die Bärwurz mit ihren weißen Dolden die Wiesen und verströmt einen würzig-aromatischen Duft. Der Schlangenknöterich gibt mit seinen rosa Blüten einen Farbklecks dazu und die blauen Blüten der Teufelskralle setzen ebenfalls Akzente zu diesem reizvollen Farbenspiel. Besonders beeindruckend sind die Schmetterlinge, die nun das Tal erobert haben und sich an den bunten Blüten laben. Die Wiesentäler der Eifel punkten auch im Sommer.

Oft kommen wir ganz nah heran an die gelbe Frühlingspflanze und können sie ausgiebig betrachten. Unwillkürlich verfallen wir in einen Rausch, zücken die Kamera, fotografieren die Narzissen von vorne, hinten und von oben. Wir fragen uns, ob die Natur den Aufwand, so schöne Blüten zu entwickeln, wirklich nur zum Zwecke der Fortpflanzung betreibt? Würden ein paar Duftstoffe da nicht ausreichen, warum so schön geformte Blütenkelche? Vielleicht, um dem Menschen zu gefallen? Diese Vorstellung stimmt uns fröhlich – und weiter geht's. Die gelben Muntermacher links und rechts des Wegs begleiten uns noch eine Weile.

Für rund 1,2 Kilometer wandern wir nun weiter durch das Tal, bis wir zum **Oberen Steg** mit der Schutzhütte kommen. Kurz darauf gelangen wir links in das Tal des **Jägersiefs**,

Streifzug 5

Narziss, der selbstverliebte Jüngling

Die griechische Mythologie erzählt die Geschichte vom schönen Jüngling Narziss. Er verschmähte die Liebe anderer, daraufhin bestrafte ihn die Rachegöttin Nemesis. Er darf von nun an nur sich selbst lieben. Und als er sich eines Tages zum Trinken über einen Teich lehnte, verliebte er sich in sein Spiegelbild. Allerdings erkannte er nicht, dass es sein eigenes Bild war. Immer wieder versuchte er das Spiegelbild zu umarmen und ertrank schließlich in dem Teich. Zurück blieb eine Narzisse.

Verkörpert die Narzisse nun Eigenliebe und Egoismus? Aber Narziss erkannte sich nicht in dem Spiegelbild. Steht die Narzisse dann nicht eher für die Sehnsucht der unerfüllten Liebe? Schön, dass eine Blume Anlass zum Philosophieren gibt.

durch das wir dem Weg nun leicht ansteigend folgen. Auch hier blühen die Narzissen. Die Strecke verläuft nun entlang der Grenze zu Belgien. Auf belgischem Gebiet befindet sich auch der **Truppenübungsplatz Elsenborn**. Große Tafeln zeigen an, zu welchen Zeiten das Gelände betreten werden darf. Pirschen Soldaten durch das Areal, besteht natürlich absolutes Betretungsverbot.

Doch wir bleiben in Deutschland auf unserer Route, marschieren weiter entlang des Tals. Etwas makaber ist die Geschichte, die der **Galgenberg** zu erzählen hat, auf den wir bald rechts blicken können. So war das Perlenfischen der äußerst begehrten und teuren Muschel noch bis ins 19. Jahrhundert hinein nur Adligen vorbehalten. Wollte sich jemand illegal die Perlen aus dem Fluss mopsen, wurde dies mit dem Tod bestraft. Wohl nur zur Abschreckung soll auf diesem Berg ein Galgen errichtet worden sein.

Die Route führt uns nun in Richtung des Fuhrtsbachtals hinauf auf die Höhe. Rechts verläuft auch die Grenze zum Nationalpark Eifel. Der Nationalpark hat es sich zur Aufgabe gemacht, die Fichten-Wirtschaftswälder wieder in naturnahe Buchenwälder zu überführen. An einigen Stellen können wir deshalb Buchenneuanpflanzungen sehen, die zwischen die Fichtenbestände gesetzt werden.

1 Die Narzissenwiesen ziehen sich den Hang hinauf.
2 Das leuchtende Gelb der Blüten sorgt für Frühlingsstimmung.

Streifzug 5 Gelbe Narzisse

Bald erreichen wir eine Wegkreuzung mit Rastbank und wandern hier rechts weiter in Richtung einer großen Wiesenfläche, der **Daverkaul**, auf der wir auch einige Narzissen sehen können. Circa einen Kilometer folgen wir der Route, dann kommen wir zu einem Wegabzweig, rechts befindet sich ein Häuschen, ein ehemaliges Feuerwehrhaus. Hier begeben wir uns nach links, überqueren über eine kleine Brücke ein Stillgewässer, den ehemaligen Löschteich. Wir folgen dem Weg, der uns bald nach rechts parallel zum **Fuhrtsbach** weiterführt. Den Bach zu unserer Rechten geht es nun für gut drei Kilometer entlang des Wegs. An einer Wegkreuzung, wo uns eine Info-Tafel des Nationalparks zum Thema „Mähen der Bergwiesen" aufklärt, gehen wir geradeaus weiter, immer den Fluss zur Rechten, der durch die Äste der Bäume hindurchschimmert. Mittendrin auf den Wiesen unsere freundlichen Narzissen. Nach rund zwei Kilometern entlang des Bachs erreichen wir erneut eine Kreuzung, an der mehrere Wege aufeinandertreffen. An dieser Stelle mündet der Fuhrtsbach in den Perlenbach und der Kreis

Im Fuhrtsbachtal

unserer Rundwanderung hat sich bald geschlossen. Eine besonders zauberhafte Etappe steht uns zum Abschluss bevor. Wir gehen nach rechts, überqueren den Fuhrtsbach, biegen dann nach links auf einen Pfad ab, der uns nun auf bewurzeltem und steinigem Untergrund entlang des Perlenbachs bergauf führt. Hier müssen wir etwas aufpassen. Das Frühlingserwachen rings um den plätschernden Bach neben uns verführt zum Träumen und schnell ist man hier gedankenverloren gestolpert. Eigentlich ist diese wunderschöne Strecke entlang des Bachs zu kurz, denn schon stehen wir wieder vor der Straße „Mühlenweg". Wir überqueren sie und wandern geradewegs auf der anderen Seite in Richtung Talsperre. Nach kurzer Strecke geht es rechts auf den Pfad, der uns wieder bergauf nach Höfen führt. Der Aufstieg erfordert etwas Kondition, dann aber ist es geschafft und wir steuern oben angekommen das **Bistro Alte Molkerei** an. Auf der Terrasse sitzen wir mit einem reizvollen Weitblick über die Eifelhöhen und sind glücklich über einen gelungenen Tag in einem der schönsten Täler Nordrhein-Westfalens.

Der Fuhrtsbach kurz vor der Mündung in den Perlenbach

Streifzug 5

Der Streifzug

Beste Zeit: April
Narzissenwanderung durch das Perlenbach- und Fuhrtsbachtal
Start: Parkplatz am Nationalpark-Tor Höfen-Monschau
Länge: ca. 14 km
Navi: Hauptstraße 72, 52156 Höfen
ÖPNV: von Aachen Hbf. mit Schnellbus SB63 (verkehrt täglich stündlich) bis „Roetgen Post", von dort mit Buslinie 66 bis „Monschau Parkhaus", dann weiter mit Netliner (verkehrt nur Mo–Fr, vorherige Anmeldung unter Tel. 0241/16 88 33 22) bis Monschau-Höfen, Haltestelle „Hermesstraße"; an Wochenenden nur sporadische Anbindung an ÖPNV, von Aachen Kaiserplatz mit Buslinie 66 bis „Monschau Parkhaus", dann mit Buslinie 84 bis Monschau-Höfen, Haltestelle „Hermesstraße"
www.avv.de

Nationalpark-Tor Monschau-Höfen
Hauptstraße 72
52156 Monschau-Höfen
Tel. 02472/802 50 79
www.nationalpark-eifel.de ► Infothek ► Nationalpark-Tore

Einkehrmöglichkeiten

Bistro Alte Molkerei
Hauptstraße 72–74
52156 Monschau-Höfen
Tel. 02472/802 57 77
www.alte-molkerei-hoefen.de
Öffnungszeiten: Di–Fr ab 11.30 Uhr, Sa/So ab 10 Uhr
Saison- und witterungsbedingt können sich die Öffnungszeiten ändern.

Gasthaus Perlenbacher Mühle
Mühlenweg 1
52156 Monschau
Tel. 02472/28 20
www.perlbacher-muehle.de
Öffnungszeiten: Mi/Do 11.30–16 Uhr, Fr 11.30–20 Uhr
Tischreservierung wird empfohlen.

Führungen

In der Blütezeit bietet der Nationalpark geführte Wanderungen zu den Narzissenwiesen an. Dauer ca. 3–4 Stunden. Für Einzelpersonen ist keine Anmeldung erforderlich und die Führungen sind für sie kostenfrei. Die Wanderungen werden von Nationalpark-Rangern geleitet und finden bei jedem Wetter statt. Infos unter: www.nationalpark-eifel.de ► Geführtes Wandern

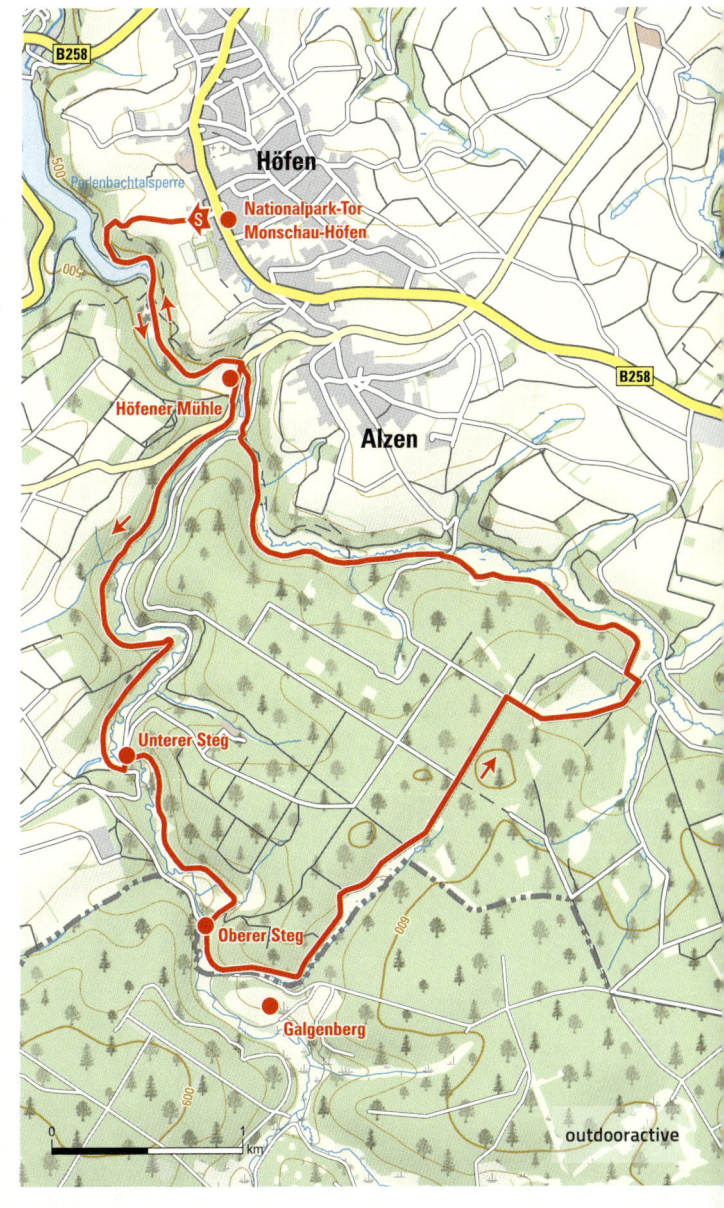

Streifzug 6

Apfelbaum

Auf dem Obstweg in Leichlingen

Leichlingen trägt im Frühjahr einen Schleier weiß-rosa Blüten. Wenn die Obstbäume erblühen, zeigt sich das Bergische Land an der Unteren Wupper verführerisch schön.

Ein Ausflug nach Leichlingen zur „Blütenschau" war zu Beginn des 20. Jahrhunderts ein beliebtes Freizeitvergnügen. Die Besucher reisten in Scharen aus den benachbarten Städten an, um sich das Erblühen der Obstbäume anzusehen. Leichlingen trägt deshalb auch den Namen Blütenstadt – und das seit 2013 sogar ganz offiziell. Die Kleinstadt ist das Zentrum der Bergischen Obstkammer, eine kleine Region, klimatisch günstig am Rand der Rheinebene gelegen, in der schon seit Jahrhunderten Obstanbau betrieben wird. Zunächst waren es Mönche, die Obstbäume pflanzten und kultivierten, später entwickelte sich der Obstanbau zum Haupterwerbszweig in der Region. Die Orte und Hofschaften waren von Streuobstwiesen umgeben, die mit hochstämmigen Apfel-, Birn-, Kirsch- und Zwetschgenbäumen bestanden waren und die Landschaft auf besonders reizvolle Weise prägten. In den 1960er-Jahren wurde der Obstanbau im Eigenbetrieb unrentabel. Große Obstbaumplantagen setzten sich durch. Hochstämmige Bäume mussten kleinstämmigen weichen, die einfacher zu pflegen und zu ernten waren.

Um die ökologisch und kulturgeschichtlich wertvollen Streuobstwiesen zu erhalten, sind die Bergischen Obstwege ins Leben gerufen worden. Ein Projekt der NABU-Naturschutzstation Leverkusen-Köln. Viele alte Obstsorten wurden wieder angepflanzt und die Wege mit Info-Tafeln ausgestattet, um Wanderern interessantes Hintergrundwissen rund ums Obst, insbesondere den Apfel, mit auf den Weg zu geben. Der Apfel ist auch das Wegesymbol der Obstwege und wir begeben uns auf die Spur dieses Baums und wandern auf dem Leichlinger Obstweg zur „Blütenschau".

Streifzug 6 Apfelbaum

Wir starten unsere Apfelblüten-Wanderung in der Ortsmitte von Leichlingen an der Kreuzung von der Markt- zur Mittelstraße. Hier steht eine Info-Tafel zum Bergischen Streifzug Nummer 4. Dieser Obstweg mit der WDR-Maus als Wegpatin richtet sich vor allem an Kinder und hat als Symbol eine weiße 4 auf rotem Grund. Wir entscheiden uns hingegen für den etwas längeren Weg „für Erwachsene" und folgen dabei dem Symbol mit dem weißen Apfel auf schwarzem Grund. Bis zum Ort Bennert verlaufen jedoch beide Wege parallel.

Nach ein paar Metern geht es links in die Straße **„In der Meffert"**, der wir an der T-Kreuzung nach rechts folgen. Nach einer Linkskurve finden wir auf der rechten Seite dann den Einstieg zum Obstweg. Ein schmaler Pfad führt recht steil bergauf und schlängelt sich wenige Hundert Meter durch den Wald hinauf bis zur Hochfläche. Etwas außer Atem kommen wir oben an, aber damit ist der anstrengendste Part der Wanderung auch schon abgeschlossen. Nun können wir bereits die ersten Obstbäume rechts auf der Wiese sehen und auch eine Schautafel, die uns Wanderer über die Wichtigkeit des Erhalts der Streuobstwiesen informiert. Der Name stammt übrigens daher, dass man neben dem Obst auch das Heu erntete, das den Tieren als Streu diente.

Nach knapp 300 Metern geht es links ab über die Hochfläche entlang einer Streuobstwiese. Wir passieren eine Galerie verschiedener Apfel- und Birnbäume, und Info-Tafeln geben uns Auskunft darüber, seit wann es die Obstsorte gibt und wer sie entdeckt hat. Der Dülmener Rosenapfel, die Sternrenette, der Kaiser-Wilhelm-Apfel und viele mehr. Wir denken daran, wie wenige Obstsorten wir heute noch haben. Ist das wirklich der Fortschritt? Geht Rentabilität immer über Vielfalt und Artenreichtum? Auf einer Streuobstwiese sollen rund 4.000 Tierarten leben – ihr Erhalt sollte uns am Herzen liegen.

1 **Streuobstwiese auf dem Weg nach Hülstrunk** 2 **Der Apfel ist das Signet des Obstwegs.** 3 **Hühner trifft man oft auf dieser Wanderung.**

Mit Blick auf die Blütenpracht der Bäume marschieren wir weiter und halten auf die kleine Ortschaft **Hülstrunk** zu. Es geht vorbei an einigen Wohnhäusern bis zu einer T-Kreuzung, dort gehen wir links, dann kurz darauf rechts in die Seitenstraße „Hülstrunk" hinein. Leicht bergab führt der Weg ins Tal der Wupper und wir genießen den Blick auf die liebliche Landschaft. Entlang von Wiesen, Weiden und Wald zur Rechten kommen wir zu einer Wiese mit Schafpferch. Hier begrüßen uns neben den wolligen Tieren auch wieder blühende Obstbäumchen. Nun gehen wir rechts auf einem Pfad leicht bergauf in den Wald hinein. Wir passieren Fischteiche und gelangen dann in die Ortschaft **Scheid**. Von dem Ort

Streifzug 6

Apfelbaum
(Malus, Rosengewächse)
Gattung mit rund 50 Arten

❀ Blühzeit: April bis Mai ❀ Größe: 2–10 m
❀ Blüte mit fünf weißen oder rosafarbenen Blütenblättern, zahlreiche Staubblätter (20–50), drei bis fünf grüne Fruchtblätter, am unteren Teil zu einem Fruchtknoten verwachsen, Blüten doldenförmig
❀ ovale Blätter mit gekerbtem Rand
❀ sonnig, halbschattig, frische, nährstoffreiche Böden, keine Staunässe ❀ Nutz- und Heilpflanze

Der Apfel ist das Symbol für Liebe, Jugend, Fruchtbarkeit, aber auch für die Sünde, die Weltherrschaft oder für die Streitbarkeit. Der Reichsapfel, der Zankapfel, der Adamsapfel, Luthers Apfelbaum, Wilhelm Tell und der Apfel auf dem Kopf seines Sohns, Apfel der Erkenntnis, der Apfel als Firmenlabel und, und, und. Kaum eine Frucht ist so symbolbehaftet wie der Apfel. Er gilt als der älteste kultivierte Baum der Welt. Ursprünglich stammt er vermutlich aus Asien, mit den Römern gelangte er nach Mitteleuropa. Der Kulturapfel ist eine Kreuzung verschiedener Wildformen und über die Jahrtausende ist eine reiche Sortenvielfalt entstanden. Heute gibt es in Deutschland noch rund 1.500 Sorten, von denen aber nur etwa 60 erwerbsmäßig angebaut werden.

Der Apfelbaum ist ein reicher Nektarspender und wird von Bienen und Hummeln eifrig angeflogen, die für die Bestäubung sorgen. Da Apfelbäume selbststeril sind, können sie nicht von Pollen desselben Baums befruchtet werden. Für eine erfolgreiche Befruchtung müssen also immer genügend andere Bäume in der Nähe sein.

Einen interessanten Aufbau weisen die Früchte des Apfelbaums auf. Es sind sogenannte Sammelbalgfrüchte. Ein Balg ist ein zusammengewachsenes Fruchtblatt, darin befindet sich der Samen. Beim Apfel sind fünf solcher Balge – es sind die fünf Kammern – in einem Gehäuse zusammenge-

schlossen. Dieses Gehäuse ist allerdings nicht frei, sondern vom Fruchtfleisch umgeben. Die Samen sind also gut verpackt in ihrem dicken Fruchtfleischmantel und werden erst dann freigesetzt, wenn „der Apfel gegessen wurde".

Der Samen wird zur Vermehrung des Obstbaums vor allem im Erwerbsanbau jedoch nicht verwendet, sondern die Bäume werden veredelt. Es gibt verschiedene Methoden, eine ist das Pfropfen. Dabei wird der zu veredelnde Baum auf einen anderen gepfropft, beide Teile wachsen zusammen. Diese Art der Vermehrung ist nichts anderes als Klonen, denn man erhält eine Kopie des alten Baums mit den identischen Eigenschaften. Dies garantiert die Sortenreinheit der Obstbäume. Klingt künstlich? Etwas Wildwuchs existiert aber schon. Neben dem Kulturapfel gibt es auch, leider immer seltener, den wilden Bruder, den Holzapfel (Malus sylvestris). Er wächst in Auwäldern, Hecken, Gebüschen und Waldrändern. 2013 kürte man ihn zum „Baum des Jahres". Obwohl er nicht so große Früchte hervorbringt wie der Kulturapfel, ist er Nahrungsquelle für zahlreiche Insekten und Wildtiere und damit von hohem ökologischen Wert. Neueste Untersuchungen haben übrigens ergeben, dass er nicht der Stammvater des Kulturapfels ist, dieser hat sich vermutlich direkt aus dem Asiatischen Wildapfel entwickelt.

Ein Obstbaum zeigt sich in voller Blütenpracht.

sehen wir jedoch nur einen hübschen Hof, an dem vorbei wir dann entlang des Waldrands auf einem asphaltierten Weg weiterwandern. An einer Weggabelung folgen wir der Wegführung nach links. Wir passieren eine Info-Tafel, die uns über die Ontario-Pflaume und die große Schwarze Knorpelkirsche aufklärt. Obstbäume stehen auf einer Wiese und schicken uns einen blühenden Gruß. Nun geht es auf einem Waldweg weiter in Richtung des Orts **Bennert**.

Wenn wir die ersten Häuser des Orts sehen, stoßen wir auf einen breiteren Weg, hier gehen wir nach rechts. Allerhand Federvieh scharrt eifrig unter einer prächtigen Eiche. Der Ortsrand ist nun nicht mehr weit. Jetzt müssen wir etwas aufpassen, denn kaum ist man in den Ort hineingelaufen, geht direkt links ein Pfad ab, der zwischen Häusern entlangführt. Das ist unser Weg, das dazugehörige Wegzeichen mit dem Apfel befindet sich auf einem Pfahl an einer Garage. Der Pfad führt entlang von Gärten an einer Grundschule vorbei bis zu einer Querstraße. Hier gehen wir links. An diesem Punkt trennen sich großer und kleiner Obstweg, später werden sie aber wieder zusammengeführt.

Nach wenigen Metern geht's rechts auf einen Pfad, der uns kurz darauf zu einem Bauernhof mit **Hofladen** führt. Hier sehen wir sehr viele Hühner und auch Gänse, die auf einer großen Streuobstwiese wild herumlaufen. Wir sind entzückt von der fröhlichen Geflügelschar, gehen aber nicht links ab zum Hof, sondern bleiben auf dem Weg, der uns an der Obstwiese und einem stattlichen Birnbaum vorbei über die offene Wiesenlandschaft führt.

Wir wandern nun über eine Höhe mit viel Weitblick und können nach kurzer Zeit wieder weiße Farbtupfer einer blühenden Obstbaumwiese sehen. Bald gehen wir an ihr vorbei, dekorativ trabt auch noch ein Pferd unter den Bäumen umher. Für die nächsten rund drei Kilometer ändert sich jedoch der Landschaftscharakter unserer Wanderung, denn wir tauchen ab in den Frühlingswald. Vogelgezwitscher umgibt uns auf dem schönen Weg, der uns hinab ins Tal zu der **Hofschaft Leysiefen** führt. Die ersten schriftlichen Belege zu dieser Ansiedlung stammen aus dem 13. Jahrhundert. Zu dieser Zeit existierte dort auch noch die Burg Leysiefen, mit deren Gründung die Hofschaft wohl in Zusammenhang stand. Leysiefen ist ausgesprochen pittoresk und erhielt nicht zu Unrecht 1989 beim Wettbewerb „Unser Hof soll schöner werden" eine Auszeichnung. Begeistert schauen wir uns das Ensemble an, bevor wir vor dem Hofgebäude mit Sitzgelegenheit rechts wieder in den Wald wandern. Der Weg führt uns nach circa 50 Metern nach rechts und dann gehen wir leicht ansteigend hinauf auf die Höhe. Dort treten wir aus dem Wald hinaus und nutzen eine Sitzbank unter einem Baum für eine Verschnaufpause mit schönem Fernblick.

Rechts geht es weiter der Ortschaft **Dierath** entgegen. Ländliches Flair mit Bauernhof und Kühen – perfekt. Wir kommen zur Landstraße (L 359), an der wir ein paar Meter bis zur Bushaltestelle entlanglaufen, dann biegen wir links in eine Straße ab. Dieser folgen wir durch ein Wohngebiet und wandern am Ende der Besiedlungsgrenze erneut nach links über Feld und Wiese. An einem schmucken Aussichtspunkt

Streifzug 6

Die Superfrucht

Der Apfel ist nicht nur eine nahrhafte und leckere Frucht, er ist auch ein altbewährtes, aber oft unterschätztes Heilmittel. Es ist nicht allein der hohe Vitamingehalt, vor allem A, B und C, der ihn so wertvoll macht. Dank einer Vielzahl an sekundären Pflanzenstoffen, insbesondere Flavonoide und Polyphenole wie Quercetin, Katechin, hat er eine entzündungshemmende und antioxidative Wirkung. Er ist blutreinigend und regt den Stoffwechsel an. Zudem ist er reich an Pektinen, sie wirken verdauungsfördernd und helfen den Cholesterinspiegel zu senken. Bei zahlreichen Erkrankungen wird dem Apfel eine heilende Wirkung zugeschrieben, so sollen Äpfel das Krebsrisiko minimieren sowie Diabetes und Herz-Kreislauf-Erkrankungen vorbeugen. In der Volksmedizin wird der Apfel vielseitig verwendet und je nachdem, wie man ihn zubereitet, ändert sich die Wirkung. Verwendet man ihn bei Verdauungsproblemen, ist er gerieben ein gutes Mittel bei Durchfall, wird er als Ganzes gegessen, wirkt er hingegen abführend. Ein gebratener Apfel mit Honig hat sich bei Halsschmerzen und Heiserkeit bewährt. Ein Tee aus Frucht und Schale hilft bei nervösen Beschwerden und Erschöpfung. Bei Schlafstörungen wird der Verzehr eines Apfels am Abend empfohlen. Auch als Anti-Aging-Mittel eignet sich der Apfel, denn er spendet Feuchtigkeit und glättet die Haut. Eine Maske aus geriebenem Apfel ersetzt teure Cremes. Also nichts wie hin zum nächsten Apfelbaum!

mit Blick über das hügelige Tal geht es nach rechts schnurstracks wieder über die Felder in Richtung der L 359. Leider folgt jetzt der einzig unschöne Teil unserer Wanderung, denn für gut 600 Meter müssen wir bis zur Ortschaft der Straße folgen, Autolärm inklusive. Doch das nehmen wir gern in Kauf, denn bald erreichen wir eine Stelle, die uns einen einzigartigen Blick beschert.

In **Bergerhof** geht es in einer Linkskurve rechts ab in eine kleine Seitenstraße (Bergerhof 11–39) in Richtung Leichlingen. Und hier liegt uns dann das Rheinland zu Füßen. Gleichzeitig können wir links nach Köln und rechts nach Düsseldorf blicken. Großartig!

Auf dem Asphaltweg geht es bergab wieder nach Leichlingen hinein. Wir sind auf der Straße **„Bechlenberg"**. Sobald diese Straße links abknickt, gehen wir rechts in ein Sträßchen, das uns zu einem Weiler führt. Dann wandern wir links bergab, erreichen ein hübsches Fachwerkhaus und gehen auf einem Pfad zwischen Obstwiesen weiter bergab bis zu einer Straße. Sie führt uns durch das Wohngebiet bergab, bis wir zur **„Kurzen Straße"** kommen. Hier biegen wir rechts ab und gelangen nach nur wenigen Schritten wieder zur Straße „In der Meffert". Links geht es dann in den Ort hinein.

Auf dem Rückweg nach Leichlingen – typisch bergisches Haus

Streifzug 6

Service

Der Streifzug

Beste Zeit: Mitte April bis Anfang Mai
Wanderung auf dem Obstweg Leichlingen
Start: Leichlingen Kreuzung Marktstraße/Mittelstraße
Länge: ca. 8 km
Parken: Parkplatz Pastorat auf der gegenüberliegenden Wupperseite, alternativ ca. 200 Meter nördlich des Startpunkts
Navi: Marktstraße/Mittelstraße, 42799 Leichlingen
ÖPNV: mit RB 48 bis Leichlingen Bf., dann ca. 12 Minuten zu Fuß Richtung Süden über Hochstraße, Uferstraße, Brückenstraße bis zur Marktstraße

Bauernhof und Hofladen

Baumhögger und Meuthen GbR
Oberschmitte 11
42799 Leichlingen
Tel. 02175/38 42
Öffnungszeiten: Mi–Fr 9–19 Uhr, Sa 9–14 Uhr
Frisches Gemüse gibt es nur Mittwoch und Donnerstag ab 14 Uhr.

Hinweis

Neben dem Leichlinger gibt es noch den Leverkusener und den Witzheldener Obstweg. Alle drei sind über Zuwege miteinander verbunden;
Infos unter www.nabu-station-l-k.de ▸ Projekte.

Streifzug 7

Rhododendron

**Ein Feuerwerk der Farben
im Kölner Süden**

In allen erdenklichen Farben – von leuchtendem Orange über tiefes Rot bis zu sattem Violett – erstrahlen die Blüten der Rhododendren im Forstbotanischen Garten. Ein Farbenmeer sondergleichen und ein Augenschmaus zum Genießen.

Die Anlage des 25 Hektar großen Forstbotanischen Gartens war einst Teil des äußeren preußischen Befestigungsrings und dort, wo heute der Rhododendron üppig blüht, befand sich ehemals ein Infanteriestützpunkt. Die Militäranlagen wurden nach dem Ersten Weltkrieg gesprengt und auf dem brachliegenden Gelände Jahrzehnte später, zu Beginn der 1960er-Jahre, der heutige Forstbotanische Garten angelegt. Angepflanzt wurden vor allem fremdländische Gehölze, die teils regional wie in der großen Nordamerika-, Japan- und Ostasienabteilung, teils nach Gattungen gruppiert sind. So finden sich in der Gartenanlage eine Pfingstrosenwiese, ein Heidegarten und die große Rhododendronabteilung, in deren Zentrum die beeindruckende Rhododendronschlucht steht. Die liegt genau dort, wo sich einst die Schützen in Stellung brachten – ein schönes Zeichen für den Frieden.

Frieden ist das Stichwort, denn über den Friedenswald gelangen wir zum **Südtor** des Forstbotanischen Gartens, wo wir unseren Frühlingsspaziergang zur Rhododendronblüte starten. Ende der 1970er-Jahre wurden hier Bäume und Sträucher aller Länder angepflanzt, die von der Bundesrepublik Deutschland anerkannt waren. Neben diesem internationalen-diplomatischen Baumensemble bietet der Friedenswald eine große Freifläche mit zwei Spielplätzen. Vor allem für Familien mit Kindern ein schönes Areal für ein Picknick mit Spiel und Spaß im Freien. Nach unserem Spaziergang möchten wir hier auch unsere Picknickdecke ausbreiten, doch nun gehen wir vom Parkplatz erst einmal

Streifzug 7

Pflanzenjäger

Strapaziös, entbehrungsreich und auch gefährlich waren die Expeditionen, die in der Mitte des 19. Jahrhunderts Pflanzenjäger in die entlegensten Regionen Chinas und des Himalajas brachten. Begehrt waren die Samen der Rhododendren. In dieser vom Kolonialismus geprägten Zeit stand die exotische Pflanze mit ihren üppigen Blüten aus dem fernen Asien bei europäischen Gartenliebhabern hoch im Kurs. Sie war ein Luxusgut und symbolisierte Wohlstand und Macht. Rhododendren hielten Einzug in die Parkanlagen der herrschaftlichen Häuser der Adligen und Botanische Gärten wie die berühmten Kew Gardens in London schmückten sich mit ihren umfangreichen Sammlungen. Vor allem die Kolonialmacht England befeuerte die Jagd nach der Pflanze und entsendete Forscher und Botaniker, um immer mehr neue Arten in den abgeschiedensten Regionen aufzuspüren. Der Begriff Pflanzenjäger etablierte sich als Berufsbezeichnung, und es waren begeisterte Wissenschaftler wie der schottische Botaniker George Forrest (1873–1932) oder Joseph Dalton Hooker (1817–1911), von 1865 bis 1885 Direktor der „Royal Botanic Gardens" in Kew, die unter anderem im Auftrag der britischen Royal Horticultural Society oder auch privater Gartenliebhaber zu ihren waghalsigen Forschungsreisen aufbrachen. Sie brachten Pflanzenschätze heim ins Königreich, die von Gärtnern weiterentwickelt und gezüchtet wurden und heutzutage weltweit die Parks und Gärten zieren.

Allerdings ist der Rhododendron mancherorts, insbesondere in vom Golfstrom mit mildem Klima bedachten Regionen an der Westküste Großbritanniens und Irlands, zur Plage geworden. Der Rhododendron gedeiht in dem feuchten, aber milden Klima prächtig. Stellenweise breitet er sich massenhaft aus und verdrängt dabei die heimische Vegetation. Naturschützer betrachten die Entwicklung mit großer Sorge und die Pflanze wird hartnäckig bekämpft. Die kolonialen Errungenschaften zeigen heute ihre Schattenseiten.

In der Rhododendronschlucht regiert die Farbgewalt der Blüten.

rund 750 Meter geradeaus entlang der Freifläche, bis wir das **Südtor** des Forstbotanischen Gartens erreichen. Eine Tafel mit Lageplan gibt Auskunft über unsere Position, und wir wandern geradewegs zum Zentrum der Anlage, die mit einem Springbrunnen und einem **Unterstellpilz** gestaltet ist. Pfaue schreiten hier stolz umher, Kinder schwirren um sie herum und bestaunen sie mit großen Augen. Werden sie ein Rad schlagen und ihr schmuckes Gefieder zeigen? Es sind Blaue Pfaue, die ursprünglich in Indien und Sri Lanka beheimatet sind. Sie verleihen dem Garten ein exotisches Flair und geben uns das Gefühl, uns in einem Mikrokosmos zu bewegen. Außerhalb des Zauns ist Köln, hier die einzigartige Gartenwelt.

Noch ein paar Schritte und dann blicken wir hinab auf die **Rhododendronschlucht** unter uns, die von einem kleinen Wasserlauf durchschnitten wird. So exotisch und farbenprächtig wie der Pfau, so ist auch das Bild, das sich uns nun bietet. Die Blütenfarben der Rhododendren sind bunt gemixt

Streifzug 7

Rhododendron
(Rhododendron, Heidekrautgewächse)
Gattung mit rund 1.000 Arten

- ❁ Blühzeit: Januar bis August; Hauptblütezeit: April bis Mai
- ❁ Größe: je nach Art ca. 1–12 m
- ❁ Blüte aus meist fünf miteinander verwachsenen Blütenblättern, 5–27 Staubblätter, Blütenform je nach Art sehr unterschiedlich gestaltet, meist glocken- oder trompetenförmige Blüten, trauben- oder doldenförmige Blütenstände, sehr großes Blütenfarbenspektrum
- ❁ eiförmige bis längliche, ganzrandige, ledrige Blätter
- ❁ saure Böden, schattig, halbschattig ❁ giftig

Der Name Rhododendron stammt aus dem Griechischen und bedeutet Rosenbaum und wie die Rosen zeichnen sich die Rhododendren durch Blütenreichtum und Farbenpracht aus. Es gibt rund 1.000 Rhododendronarten, das Hauptverbreitungsgebiet ist Asien, vor allem die Himalaja-Region. Als Wildform sind sie jedoch weltweit vertreten, nur in Afrika und Südamerika findet man sie nicht. In Europa sind neun Wildarten bekannt, darunter auch die in Deutschland in den Alpen beheimatete „Alpenrose". Die große Zahl der Arten zeigt sich auch in den vielfältigen Erscheinungsformen der Rhododendren. Von kleinen, kriechend über den Boden wachsenden Arten bis hin zu großen Bäumen reicht die Spannweite. Man findet sie in den immerfeuchten Gebirgen Asiens, aber auch an Küsten und in kühleren Regionen von Nordeuropa und -amerika. Keine Pflanzengattung zeigt so eine große Bandbreite an Wildformen. Vor rund 300 Jahren wurden in China die ersten Rhododendren gezüchtet, heute existieren etwa 15.000 Zuchtformen und die Klassifizierung dieser Gattung ist nicht leicht. Grob kann man sie in die großblumigen, etwas höher wachsenden, kräftigeren und in die kleinblumigen Arten und Sorten unterscheiden. Letztere sind von geringerem Wuchs. Laubabwerfende Rhododendren werden von Gärtnern als Azaleen bezeichnet, botanisch

sind es jedoch ebenfalls Rhododendren. Allerdings gibt es auch wintergrüne oder teils laubabwerfende Azaleenarten, die sogenannten Japanischen Azaleen, denn die Arten, aus denen sie hervorgegangen sind, stammten aus Japan. Sie zeichnen sich durch eine besonders reiche Blüte aus und sind eher von niedrigem Wuchs.

Rhododendren werden von Insekten bestäubt und bieten ihren Besuchern Pollen sowie reichlich Nektar. War die Befruchtung erfolgreich, reift der Samen in Kapselfrüchten heran. Pflanzt man den Samen in den heimischen Garten ein, wird die neue Pflanze jedoch wenig Ähnlichkeit mit der Mutterpflanze aufweisen, dafür ist die genetische Variabilität zu groß. Deshalb wird der Rhododendron meist durch Stecklinge oder andere Veredelungsmethoden vermehrt.

Rhododendren enthalten in den Blüten, Blättern und Früchten unter anderem den Giftstoff Grayanotoxin, einen Stoff, den man zur Gruppe der Dipertene zählt. Vergiftungserscheinungen beim Verzehr der Pflanzenteile sind Blutdruckabfall, Krämpfe, bis hin zu Herzversagen und Atemstillstand.

Streifzug 7 Rhododendron

und beißen sich fast. Wie bei Jazz-Musik, hier klingen die Töne manchmal schräg und falsch, aber das gerade macht den Reiz aus. Die Schlucht, die aus den Trümmern der alten Gefechtsstation gestaltet wurde, ist mit einem Pfad erschlossen, über den wir uns nun den Pflanzen nähern. Beeindruckend ist die Vielfalt der Arten und Sorten, die hier vereint ist. Die meisten Rhododendren, die wir im Park bestaunen können, sind Exemplare der Arten Rhododendron williamsianum, Rhododendron yakushimanaum und Rhododendron catawbiense. Letztere können recht alt werden und einige stattliche Exemplare finden wir im Park. So gibt es an der **Pfingstrosenwiese** eine üppige Rhododendron-Hecke. Die Blüten leuchten in einem blau-lila Ton. Auch auf der **Rhododendronwiese** am Nordtor des Parks treffen wir auf einige beeindruckende Exemplare dieser Art.

Wir schreiten gemächlich durch die Schlucht und bleiben immer wieder stehen, um die Blüten zu betrachten. Der süßliche Duft, den sie verströmen, hängt schwer in der Luft. Auch Bienen tummeln sich hier, um sich am Nektar der Pflanzen

Mitunter beißen sich die Farben der Blüten.

Ein Rhododendron catawbiense in voller Pracht

zu laben. Von einem Gärtner erfahren wir, dass der Standort des Parks für die Rhododendren eigentlich nicht ideal ist. In anderen Regionen, zum Beispiel in Norddeutschland, gedeiht der Rhododendron besser. Der Boden ist zu kalkhaltig und die Wasserversorgung ist nicht optimal. Doch zur Zeit der Anlage des Gartens war das Bewusstsein für standorttypische Bepflanzung noch nicht so ausgeprägt wie heute, man wollte den Kölner Bürgern die bunte Vielfalt der zwar winterharten, aber doch auch exotischen Pflanzen zeigen. Und das ist gelungen, auf unserem Rundgang entdecken wir eine Vielzahl von Gehölzen wie interessant geformte Birken aus dem Kaukasus, einen asiatischen Fächerahorn, der im Herbst wunderschön blüht, oder Mammutbäume aus Kalifornien. Unerwartet leuchtet immer wieder ein blühender Rhododendron oder eine Azalee hervor, denn auch außerhalb der Schlucht findet man sie im Park an vielen Stellen. Wir haben uns vor unserem Spaziergang zu Hause den Lageplan des Gartens ausgedruckt, doch eigentlich kann man sich hier nicht verlaufen. Schilder weisen den Weg in die verschiedenen Abteilungen des Parks, der neben dem Waldteil auch große Wiesenflächen bietet. Wir sind aber immer wieder begeistert von der Rhododendronblüte und auf unserem Weg von der Schlucht in Richtung des Westtors stoßen wir

Streifzug 7 — Rhododendron

auf einige sehr schöne Exemplare. Dort gibt es auch einen baumhohen Rhododendron, dessen üppige Blüten manchmal noch bis in den Herbst zu sehen sind. Er stammt noch aus der Anfangszeit des Parks. Zahlreiche Exemplare, die wir im Park finden, sind schon so alt, dass die Gärtner heute nicht immer bestimmen können, welche Sorte es ist. Zu viele gibt es inzwischen. Mit den Jahren ist ein Mix aus Neu- und Altpflanzen entstanden, und wir fragen uns, ob man sich bei der Anpflanzung der verschiedenen Rhododendren zuvor Gedanken über das Farbkonzept gemacht hat? Nein, so die Auskunft des Gärtners. Man hat das eingepflanzt, was da war. Und so genießen wir diesen zufälligen Farbenrausch, der sich mit dem fröhlichen Vogelgezwitscher und den Pfauen, die immer mal wieder unseren Weg kreuzen, zu einem Frühlingsspaziergang der Extra-Klasse mausert.

Auf dem Weg zurück zum Parkplatz flanieren wir noch etwas über die große Wiese des Friedenswalds und halten Ausschau nach einem schönen Plätzchen für unser Picknick.

Prächtige Blüte einer Azalee

Service

Der Streifzug

Beste Zeit: April bis Mai
Parken: Parkplatz am Friedenswald
Navi: Schillingsrotter Straße 100, 50996 Köln
ÖPNV: von Köln Hbf. mit Stadtbahnlinie 16 bis Haltestelle „Siegstraße", von dort noch 750 Meter Fußweg oder von Bahnhof Rodenkirchen mit Buslinie 135 bis Haltestelle „Schillingsrotter Straße"

Forstbotanischer Garten und Friedenswald
Schillingsrotter Straße 100
50996 Köln
Tel. 0221/35 43 25
Öffnungszeiten: Apr.–Aug. 9–20 Uhr,
Jan., Feb., Nov., Dez. 9–16 Uhr,
März, Sept., Okt. 9–18 Uhr
Eintritt frei

Führungen

Jeden ersten Mittwoch im Monat um 14.30 Uhr und jeden dritten Samstag im Monat um 15 Uhr; Treffpunkt am Unterstellpilz im Zentrum des Forstbotanischen Gartens; die Führungen sind kostenlos.

Hinweis

Für Familien ideal ist ein abschließendes Picknick im Friedenspark, auf der großen Wiese können sich Kinder richtig austoben, deshalb Picknickdecke nicht vergessen!

Streifzug 8

Bärlauch

**Im Tal der Urft
und des Gillesbachs**

Die Blüten des Bärlauchs überziehen den Waldboden im Urfttal wie eine Decke aus weißen Wattebäuschen und auch entlang des Gillesbachs setzt sich die Pflanze optisch in Szene – eine Wanderung mit Rauschfaktor.

Urft- und Gillesbachtal sind Teil der sogenannten Sötenicher Kalkmulde, eine von mehrere Muldenlagen in der Eifel, in denen vor rund 400 Millionen Jahren im Erdzeitalter des Devons mächtige Meeressedimente abgelagert wurden. Zu dieser Zeit herrschten tropische Klimabedingungen, und Korallen und andere Organismen bildeten große Riffe aus, die heute versteinert als Kalk- und Dolomitschichten erhalten sind. In diesem Zusammenhang ist auch die Entwicklung der Prümer Kalkmulde und die Entstehung der Schönecker Schweiz zu sehen (siehe Seite 21), die ebenfalls Ablagerungen des devonischen Meers aufweisen. Fruchtbare Böden kennzeichnen vielerorts die Kalkmulden, sodass die Region schon früh besiedelt wurde. Die Römer hinterließen hier ihre Spuren, beeindruckend sind die Reste der römischen Wasserleitung, die im Urfttal zu bestaunen sind.

Auf dem Kalkboden haben sich sehr artenreiche Buchenwälder entwickelt, in denen der Bärlauch häufig anzutreffen ist. Die Pflanze bedeckt an einigen Stellen den Boden fast vollständig und auch entlang des Gillesbachs hat sie sich angesiedelt. Ein großartiger Anblick, den wir uns nicht entgehen lassen möchten. Wir machen uns auf nach Urft zu einer Bärlauch-Wanderung.

Die Wanderung startet direkt am **Bahnhof** von **Urft**, der Wanderparkplatz liegt nur rund 100 Meter entfernt vor dem Ortseingang. Über den beschrankten Bahnübergang gehen wir schnurstracks auf der **Urfttalstraße** in den Ort hinein. Dabei haben wir nicht nur die Bahngleise, sondern auch den Fluss Urft überquert. Nach einigen Metern entlang der Straße gluckert links von uns ein weiteres Gewässer, der **Gillesbach**,

Streifzug 8 Bärlauch

den wir auf dem ersten Teil unserer Wanderung begleiten. Er hat es nun nicht mehr weit, bis er nach wenigen Metern in die Urft mündet.

Nach rund 400 Metern verlassen wir die Straße, gehen nach links, überqueren den Gillesbach und wandern rechts am Waldrand weiter. Der Weg führt uns nun etwas oberhalb des Bachs parallel zum Ort am Hang entlang. Nach kurzer Strecke wird es ein bisschen geheimnisvoll, ein eingezäuntes Gelände erregt unsere Aufmerksamkeit. Das unscheinbare Äußere täuscht darüber hinweg, dass wir an einem **Atombunker** vorbeispazieren. Er wurde in den 1960er-Jahren als Ausweichsitz der Landesregierung NRW gebaut. Streng geheim – der Eingang wurde als Garage getarnt. Politiker sollten bei einem Atomkrieg hier sicher untergebracht werden. In den 1990er-Jahren wurde die Anlage mit dem Tarnnamen „Warnamt Eifel" aufgegeben. Heute befindet sich der Bunker in Privatbesitz und kann besichtigt werden.

Nach einem knappen halben Kilometer Wegstrecke stoßen wir auf eine Straße (L 204), überque-

1 Im Gillesbachtal
2 Bärlauch, wohin man auch schaut
3 Üppig wächst der Bärlauch direkt am Gillesbach.

ren sie sowie den Parkplatz auf der gegenüberliegenden Seite und gehen dann hinter dem Parkplatz links weiter in Richtung Wahlen. Wir passieren Obstwiesen und das **Forsthaus Steinfeld**. Nach wenigen Hundert Metern verlassen wir das Wiesenareal und stoßen wieder auf den Gillesbach. Und wir trauen unseren Augen nicht – Bärlauch in Hülle und Fülle. Seine zarten Blüten sind sternförmig, bilden einen kugeligen Blütenstand und wirken von der Ferne wie Wattebäusche. Von dem Anblick bezaubert wandern wir weiter entlang des Bachs auf einem breiten, federnden Boden durch das Tal. Schon nach wenigen Metern kommen wir zu einer Weggabelung, folgen dem Wanderweg 6 nach links und bleiben damit am Gillesbach. Hier gibt es die Gelegenheit, links über kleine Trampelpfade direkt zum Bach zu gehen und durch dichten Bärlauchbewuchs zu waten. Inmitten der weißen Blütenpracht und nah dem plätschernden Wasser fühlen wir uns hier ganz eins mit der Natur.

Über eine kleine Brücke mit Picknickgelegenheit überqueren wir erneut den Gillesbach und wandern danach rechts auf einem breiten Weg weiter. Wir folgen weiterhin

Streifzug 8

Bärlauch

(Allium ursinum, Amaryllisgewächse)

❋ Blühzeit: Mai bis Juni ❋ Größe: 15–40 cm
❋ Blüte mit sechs weißen, sternförmigen Blütenblättern, sechs Staubblättern und drei zusammengewachsenen Fruchtblättern, halbkugeliger Blütenstand
❋ meist zwei längliche, spitz zulaufende Laubblätter, parallelnervig, hellere Blattunterseite als -oberseite ❋ nährstoffreiche Böden, schattig, halbschattig, in Laub- und Auwäldern
❋ Gewürz- und Heilpflanze

Der Bärlauch hat die Kraft eines Bären, so glaubten es zumindest die Germanen. Ursus, der Bär, ist somit der Namenspate für diese Pflanze, die sich vor allem durch ihren charakteristischen Knoblauchgeruch bemerkbar macht. Grund dafür ist der schwefelhaltige Stoff Alliin, der sich bei Kontakt mit Sauerstoff zu Allicin umwandelt, der letztlich für den Geruch verantwortlich ist. Gleichzeitig wirkt er als natürliches Antibiotikum. Er schützt die Pflanze vor Parasiten und Pilzen, ist aber auch für die menschliche Gesundheit nützlich. Als Heilpflanze verwendeten den Bärlauch schon die Römer, vor allem als Magen- und blutreinigendes Mittel. Er gilt als entzündungshemmend, harn- und schweißtreibend, entgiftend und durchblutungsfördernd. 1992 wurde der Bärlauch zur „Heilpflanze des Jahres" gekürt. Um in den Genuss der reinigenden Kräfte zu kommen, muss man jedoch frische Blätter verwenden, denn getrocknet oder gekocht verliert er seine Wirkung.

Der Bärlauch ist in Mitteleuropa heimisch, aber bis nach Nordasien verbreitet. Er bevorzugt nährstoffreiche und schattige Standorte und gilt als Nährstoffzeiger. Fühlt er sich an einem Standort wohl, breitet er sich oft massenhaft aus. Er vermehrt sich durch Samen, wobei er als „Kaltkeimer" eine Frostperiode benötigt, um auszutreiben, oder vegetativ durch die Bildung von Tochterzwiebeln. Bärlauch steht nicht unter Naturschutz, ist aber regional in seinem Bestand bedroht.

Streifzug 8 Bärlauch

Bärlauch in der Küche

Er hat einen milden Knoblauchgeschmack, hinterlässt aber nach dem Verzehr keinen unangenehmen Geruch, zudem ist er aufgrund seiner reinigenden und entgiftenden Wirkung wertvoll für den Körper. Kurzum, Bärlauch ist das perfekte Kraut, um nach den winterlichen Schlemmersünden den Stoffwechsel wieder auf Trab zu bringen. Da er durch Erhitzen seinen Geschmack und seine Wirkung verliert, sollte er am besten kalten Speisen zugefügt werden. Geeignet sind die frischen Laubblätter vor der Blüte. Mit der Blüte verlieren sie an Geschmack und werden bitter. Aber auch die Blütenblätter können verwendet werden, sie schmecken etwas feiner und milder als die Laubblätter.

Als Beigabe für Salate, Kräuterquarks und als Pesto ist Bärlauch vielfältig verwendbar. Frisch geschnitten und kurz vor dem Servieren zum Beispiel Kartoffelpüree oder Risotto untergehoben gibt er aber auch diesen warmen Speisen sein Aroma, ohne Wirkung einzubüßen. Wer Bärlauch konservieren möchte, kann ihn in Essig, Öl oder Alkohol einlegen. Besonders schmackhaft ist ein Bärlauch-Olivenöl. Hierzu wäscht man die frischen Blätter kurz ab (es werden circa 50 Gramm Bärlauch für einen Liter Öl benötigt), schneidet sie in fingerdicke Streifen, gibt sie in ein Schraubglas und füllt das Olivenöl darüber, sodass die Blätter komplett mit der Flüssigkeit bedeckt sind. Nach zwei Wochen wird der Aufguss durch ein Sieb geschüttet und in Flaschen abgefüllt. Kühl und dunkel gelagert hält sich das Öl mehrere Monate.

dem Wanderweg 6, der uns zur **Hallenthaler Mühle** führt. Von Weitem können wir sie schon sehen. Die Mühle gehörte einst zum nahen Kloster Steinfeld und ist heute in Privatbesitz. Der Gillesbach schlängelt sich um das Gebäude herum und überall lugen die Blütensterne des Bärlauchs hervor. Dieses Idyll ist berauschend und wir können uns kaum lösen von dem plätschernden Bach und den zarten Blüten. So schön hatten wir uns diese Wanderung gar nicht vorgestellt – der Bärlauch überrascht uns. Über eine Brücke rechts vom Mühlengebäude überqueren wir nun zum dritten Mal den Bach und wandern auf einem Pfad geradewegs über die Wiese. Eine Treppe geht es hinauf, und wir stoßen auf einen breiten Weg, dem wir nach links folgen.

Schon nach wenigen Metern führt unsere Route nach links in Richtung Marmagen und Eifelsanatorium. Den Bärlauch sehen wir nun für eine Weile nicht mehr. In der Ferne können wir ihn noch als weißes Band entlang des Gillesbachs ausmachen, von dem wir uns nun auch etwas entfernen.

1 Wie ein weißes Band – der Bärlauch markiert den Ufersaum.

2 Das Manns-Knabenkraut wächst im Naturschutzgebiet Gillesbachtal.

Streifzug 8 Bärlauch

Vorsicht beim Selbstsammeln!

In den letzten Jahren ist Bärlauch als Küchenpflanze immer beliebter geworden und ebenso beliebt ist das Selbstsammeln des begehrten Krauts. Außerhalb von Naturschutzgebieten darf man ihn zum Eigenverzehr pflücken. Um die Bestände zu schonen, sollte aber immer nur ein Blatt der Pflanze entnommen werden.

Vorsicht ist jedoch geboten wegen der Verwechslungsgefahr mit den giftigen Maiglöckchen, dem Aronstab und den hochtoxischen Herbstzeitlose (siehe Seite 182). Da alle drei Pflanzen mitunter auf einem Standort vergesellschaftet sind, muss man sie unterscheiden können. Bei einer Verwechslung besteht Lebensgefahr! Deshalb sollte man ohne fundierte Pflanzenkenntnis die Kräuter besser stehen lassen. Bärlauch kann man zwar am charakteristischen Knoblauchgeruch erkennen, den die Blätter beim Zerreiben entfalten, aber da der Geruch an den Fingern haften bleibt, ist dieser Test nur beim ersten Blatt hilfreich. Ebenso besteht die Gefahr der Infektion mit Fuchsbandwürmern. Sicher ist es, Bärlauch aus einer Kultur zu beziehen. In der Saison gibt es ihn in vielen Gemüseläden und auf Wochenmärkten.

Abguss eines römischen Weihesteins auf dem Gelände der Eifelhöhen-Klinik.

An der folgenden Weggabelung bleiben wir links und weiter geht es durch das Tal. Wenn wir uns links dem Bach wieder nähern, ist es nicht mehr weit zu einem interessanten Zwischenziel unserer Wanderung. Rechts tut sich am Hang, zunächst noch eingezäunt, ein offener Wiesenbereich auf. Wir entdecken Schlüsselblumen und zu unserer großen Freude auch einige Exemplare des Manns-Knabenkrauts, einer seltenen Orchidee. Wir befinden uns im **Naturschutzgebiet Gillesbachtal** an einem sogenannten Kalkmagerrasen. Vergleichbare Standorte finden sich auch an anderen Orten in der Eifel, zum Beispiel am Bürvenicher Berg oder in der Schönecker Schweiz (siehe Streifzug 2 und 3). Hier gedeiht eine Reihe sehr seltener Arten wie Enziane, Orchideen und besonders dominant im Frühjahr die Küchenschelle (siehe Seite 38). Wir erfreuen uns am Anblick von Orchidee und Co., machen uns aber wieder auf zu unserer Wanderung.

Nach wenigen Hundert Metern erreichen wir ein **Klärwerk** und stoßen auf eine Straße. Die Pflanzenromantik muss nun für ein paar Meter pausieren – links gehen wir vor der Straße auf einem Kiespfad parallel zur Straße weiter. Wir befinden uns immer noch auf dem Wanderweg 6. Nun müssen wir ein kurzes Stück entlang der Straße bergauf gehen. Nach 100 Metern ist dies geschafft und wir biegen links vor einer einmündenden Straße auf einen Pfad in Richtung Eifelhö-

Streifzug 8

Eine Gruppe mächtiger Buchen säumt den Weg.

hen-Klinik ein. Nun geht es für rund 600 Meter recht steil in Serpentinen bergauf. Die Anstrengung tut uns gut, denn bisher hat uns die Wanderung nicht besonders gefordert. Wir folgen immer der Wegweisung des Wanderwegs 6 und sobald wir den „Galgenberg" erreicht haben, wird es auch schon wieder flacher. Bald kommen wir zur **Eifelhöhen-Klinik**. Ein römischer Meilenstein steht prominent am Wegesrand. Über das Klinikgelände hinweg passieren wir noch weitere Zeugen der römischen Geschichte. Links des Klinikareals befindet sich ein **Aussichtsturm**, ein sogenannter „Eifel-Blick". Wir krabbeln hinauf und schauen auf die bewaldeten Höhen und auch auf das Kloster Steinfeld, das wir aber später noch besser sehen können. Danach wandern wir vom Turm über den Parkplatz der Klinik nach links auf einen asphaltierten Weg. Wir befinden uns nun auf dem Wanderweg 1 und mit viel Weitblick über die offene Wiesenlandschaft gehen wir auf ein kleines Wäldchen zu. Hier bleiben wir rechts auf dem asphaltierten Weg. Wald und Freiflächen folgen jetzt im Wechsel, und wir erfreuen uns an den vielen Frühlingsblumen, die am Wegesrand blühen. An einer Wegkreuzung mit einer Bank gehen wir links. Nun sind Wiesen rings um uns, doch der Weg führt uns bald wieder in den Wald hinein und kurze Zeit später auch wieder hinaus. Eine Wiese mit Bank und wunderschönem Weitblick über die Eifelhöhen zur Rechten lässt uns kurz verweilen.

Vorbei an einer stattlichen Baumgruppe führt uns die Schlussetappe der Wanderung nun durch Wald. Wir folgen hier weiterhin dem Wanderweg 1. Es geht leicht bergauf und links fällt unser Blick auf ein kleines Bärlauch-Rudel. Froh, unsere Pflanze mit den Wattebausch-Blüten wiederzusehen, folgen wir nun für rund zwei Kilometer dem Wanderweg durch den Frühlingswald.

1 Eine weite Wiesenlandschaft charakterisiert den Mittelteil der Tour.
2 Bank mit Fernblick

Streifzug 8 — Bärlauch

Wir stoßen auf eine Straße (L 204), doch wir überqueren sie nicht, sondern wechseln links auf einen Pfad. Auf diesem geht es nun ein Stück parallel zur Straße. Nach 200 Metern kommen wir zu einer Stele mit Wanderwegzeichen, hier gehen wir rechts und überqueren die Straße. Auf der anderen Seite schlüpfen wir wieder in den Wald hinein und folgen dem Wanderweg 7 nach links. Nach rund einem Kilometer weist uns ein Schild nach rechts auf einen Pfad, der uns zu einem weiteren **Eifel-Blick** führt. Wir kraxeln hinauf. Dort erwarten uns ein Paradeblick auf das Kloster Steinfeld samt Info-Tafel und Bank. Ein perfekter Ort für eine kleine Verschnaufpause.

Der Pfad leitet uns vom Eifel-Blick wieder hinab auf den Hauptweg, dem wir nach rechts folgen und kurz darauf tauchen wir ein in ein Bärlauch-Meer! Die Pflanze hat nun das gesamte Waldterrain erobert und zieht sich die Hänge hinauf und hinunter. Als ob Frau Holle ihr Kissen hier ausgeschüttelt hätte, ist alles überdeckt von den Blütenkugeln des Bärlauchs. Fast 500 Meter läuft man nun durch diesen Bärlauchbestand und uns wird fast ein wenig schwindelig. So viele Blüten, wie wunderbar! Der typische Knoblauchgeruch, den wir hier erwartet hätten, ist angenehm zurückhaltend, denn erst, wenn die Blätter durch die Wärme vergilben, entwickelt sich das Aroma. Noch stehen die Pflanzen aber in vollem Saft.

Hat der Bärlauch-Rausch ein Ende, kommen wir auch aus dem Wald hinaus. Entlang

1 Der Bärlauch breitet sich wie ein Teppich über dem Waldboden aus.
2 Ein Pfad zieht sich durch das Bärlauch-Meer.
3 Der Blütenstand ist halbkugelförmig und filigran.

einer großen Wiese zur Linken wandern wir, bis wir auf einen Weg stoßen. Hier gehen wir links und talwärts vorbei am **Jugendwaldheim**, eine Einrichtung des Nationalparkforstamts Eifel, in Richtung Urft. Im Ort stoßen wir wieder auf die Urfttalstraße, die uns rechts zum Bahnhof beziehungsweise Wanderparkplatz bringt. Für eine Einkehr im Ort gibt es mit dem Gasthaus **„Schneiders Eck"**, an dem wir direkt vorbeikommen, und dem Imbiss **„Zum Gaumenschmaus"** ausreichende Möglichkeiten.

Streifzug 8

Service

Der Streifzug

Beste Zeit: Mitte Mai bis Anfang Juni
Wanderung durch das Urft- und Gillesbachtal
Start: Kall-Urft, Bahnhof Urft
Länge: ca. 11,5 km
Parken: Parkplatz vor dem Ortseingang von Urft
Navi: L 22/L 204, 53925 Urft
ÖPNV: mit RB 24 oder RE 12 und 22 bis Urft Bf.

Einkehrmöglichkeiten

Schneiders Eck
Urfttalstraße 5
53925 Kall-Urft
Tel. 02441/99 48 48
www.schneiders-eck.de
Öffnungszeiten: Mi–Fr ab 17 Uhr, Sa/So ab 15 Uhr

Zum Gaumenschmaus
Urfttalstraße 6
53925 Kall-Urft
Tel. 02441/994 80 95
www.zum-gaumenschmaus.de
Öffnungszeiten: Di–So 11.30–21 Uhr

Sehenswert

Dokumentationsstätte ehemaliger Ausweichsitz der Landesregierung NRW
Harald Röhling
Am Gillesbach 1
53925 Kall-Urft
Tel. 02441/77 51 71
www.ausweichsitz-nrw.de
Zweistündige Führungen samstags 16 Uhr,
Anmeldung erforderlich, 10 Euro, Kinder bis 14 Jahre 5 Euro

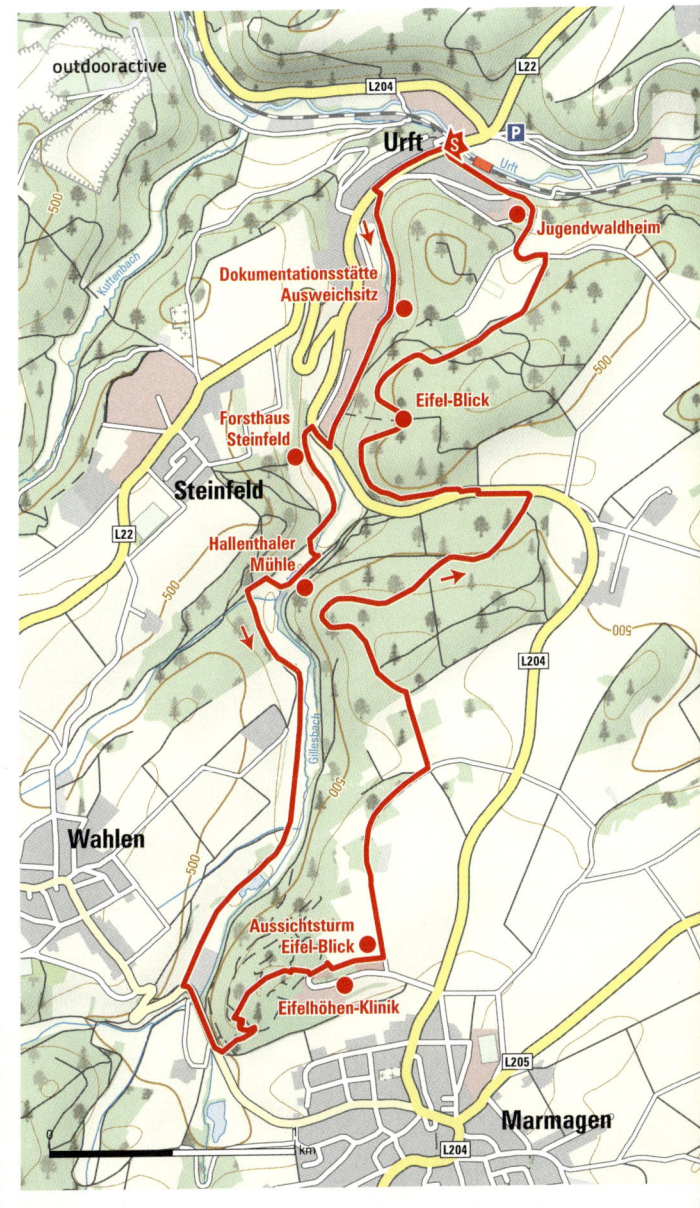

Streifzug 9

Besenginster

Über die Dreiborner Hochfläche

**Farbtupfer aus sattem Gelb, dazu
ein weiter Horizont, zur Zeit der Ginsterblüte zeigt sich
die karge Landschaft der Dreiborner Hochfläche
ausgesprochen reizvoll.**

Sie ist eine herbe Schönheit, die Dreiborner Hochfläche wirkt auf den ersten Blick kahl, unwirklich und einsam. Doch sie steckt voller Leben und entfaltet ihre Reize besonders, wenn der Ginster mit seinen gold-gelben Blüten kräftige Farbakzente setzt.

In der Rureifel im Gebiet des Nationalparks Eifel gelegen zählt die Dreiborner Hochfläche zu den außergewöhnlichsten Landschaften im Rheinland. Seit Jahrhunderten wurde sie von Menschen geprägt. Sie rodeten die Wälder, die die Hochfläche einst bedeckten, und überführten die Flächen in Äcker und Weiden. Einen großen Einfluss auf das Landschaftsbild hatte die militärische Nutzung des Gebiets. Die britischen Streitkräfte als Besatzungsmacht errichteten 1946 den Truppenübungsplatz Vogelsang, den sie 1960 an die belgischen Truppen übergaben, die ihn bis zum Jahre 2005 nutzten. Das Militär hat über die Jahrzehnte seine Spuren in der Landschaft hinterlassen. Äcker und Felder fielen teilweise brach, manche Bereiche wurden, je nach den Bedürfnissen des Militärs, auch durch Beweidung und Mahd offen gehalten, an einigen Stellen fanden Aufforstungen statt. Die schweren Panzer verdichteten den Boden und dezimierten die Vegetation auf den Trassen. Dadurch ist ein Mosaik von offenen Grasfluren, kleinen Gehölzgruppen und ausgedehnten Ginsterheiden entstanden. Große Teile der Hochfläche werden heute noch regelmäßig gemäht oder beweidet – gute Bedingungen für den Ginster. Denn findet keine Mahd mehr statt, wird das Terrain zunehmend von anderen Gehölzen erobert und der Besenginster verschwindet.

Um uns am Gelb der Blüten zu erfreuen und die außergewöhnliche Vegetation der Dreiborner Hochfläche zu bestau-

Streifzug 9 — Besenginster

nen, machen wir uns auf zu einer Wanderung, die uns hinab in das Tal der Erkensruhr und später wieder hinauf auf die Hochfläche führt.

Vom **Wanderparkplatz** marschieren wir zunächst geradeaus über eine asphaltierte Trasse, über die wohl einst die Panzer rollten, und erreichen nach wenigen Metern die freie Ebene. Der Panoramablick über die Eifellandschaft ist faszinierend und wir sehen auch schon die ersten gelben Tupfer der Ginsterbüsche. Das macht Lust auf mehr und so wandern wir geradewegs über die weite offene Fläche und halten uns dabei strikt an das Wegegebot. Schon am Parkplatz macht uns ein Schild auf die Gefahren aufmerksam, denn abseits der Wege können noch Munition und diverse Kampfmittel im Boden schlummern.

Die Landschaft ist einzigartig, den weiten Blick, der sich uns hier bietet, sind wir als Städter nicht gewohnt. Wir fühlen uns frei und genießen bereits die ersten Schritte dieser Wanderung mit dem gelb leuchtenden Ginster.

1 Das Gelb der blühenden Ginsterbüsche schmückt die Dreiborner Hochfläche.

2 An manchen Stellen ist die Hochfläche karg wie eine Wüste.

3 Achtung! Hier könnte noch Munition im Untergrund verborgen sein.

Nach circa 1,4 Kilometern kommen wir zu einem Abzweig und folgen dem Weg nach rechts in Richtung Erkensruhr. Bald begleiten uns rechts und links des Wegs nicht nur der Ginster, sondern auch eine Reihe weiterer Sträucher und Pflanzen. Insgesamt gibt es auf der Hochfläche eine reiche Vegetation. Mit dem Ginster vergesellschaftet sind oft die Schlehe und der Weißdorn sowie viele Kräuter, so erspähen wir die gelben Blüten des Hornklees oder den blau blühenden Gamander-Ehrenpreis. Die Gehölze bieten zahlreichen Tieren Unterschlupf, Rotwild, Rehe und Wildschweine fühlen sich hier wohl, ebenso finden die Feldlerche als Bodenbrüter gute Nistmöglichkeiten sowie Insekten und Schmetterlinge ausreichend Nahrung.

Wir laufen gemächlich auf unserem breiten Weg leicht bergab. Je weiter wir uns talwärts bewegen, desto mehr zeigt sich eine immer stärkere Verbuschung. Wir verlassen bald den Kernbereich der Ginsterheide und nähern uns dem Tal der Erkensruhr mit seinen bewaldeten Hängen. Unser Weg beschreibt eine Kurve, danach erreichen wir einen Abzweig. Links geht es nach Hirschrott, wir gehen rechts nach Erkensruhr. Jetzt schlängelt sich der Weg durch den Wald und nach

Streifzug 9

Besenginster
(Cytisus scoparius, Schmetterlingsblütler)

❊ Blühzeit: Mai bis Juni ❊ Größe: 1–3 m
❊ Blüte mit fünf unterschiedlich gestalteten Blütenblättern, die unteren als „Schiffchen" ausgebildet, zehn Staubblätter, Griffel gebogen ❊ Blätter klein, seidig behaart, im unteren Teil der Zweige dreizählig, im oberen Bereich einfache Blätter ❊ kalkarme Böden, sonnig, Waldränder, Wiesen, Kahlschläge, Brachen ❊ giftig

Der Besenginster ist ein schnellwüchsiger Strauch, dessen dünne, rutenartige Zweige tatsächlich früher auch zu Besen verarbeitet wurden. Leicht zu verwechseln ist er mit seinem Verwandten, dem Echten Ginster. Beide gehören zu den Schmetterlingsblütlern, sind aber in verschiedene Gattungen aufgeteilt, zur Gattung „Ginster" gehört der Echte Ginster, der Besenginster zählt zu den Geißkleegewächsen.

Da seine Blätter und Triebe eher unscheinbar sind, fallen die leuchtend gelben Blüten, die sich im Mai sehr zahlreich entfalten, besonders deutlich auf. Sie verströmen einen strengen Geruch, der Insekten anlockt. Zur Bestäubung nutzt die Pflanze einen besonderen Mechanismus, der typisch ist für Schmetterlingsblütler. Landet ein Insekt auf der Blüte, drückt es auf die schiffchenförmigen Blütenblätter, die Staubblätter schnellen hinaus und in zwei Schüben, zunächst am Bauch, dann auf dem Rücken, werden die Insekten explosionsartig mit Pollen bestäubt. Nach erfolgreicher Befruchtung reifen die Samen in Hülsen heran. Sind sie reif, platzen sie bei Trockenheit auf und geben den Samen frei.

Der Besenginster ist auch ein guter Bodenverbesserer, mit seinen Wurzeln steht er in Verbindung zu stickstoffbindenden Bakterien, die die Pflanze mit dem Nährstoff versorgen, ihn aber auch an den Boden abgeben. Zudem besitzt der Besenginster tiefe Pfahlwurzeln, die den Boden befestigen. Er wird deshalb auch gern an Böschungen gepflanzt.

Alle Pflanzenteile des Besenginsters sind giftig, besonders die Samen. Für die Giftwirkung sind vor allem die Alkaloi-

de Spartein und Lupanin verantwortlich, die das Herz-Kreislaufsystem beeinflussen. Vergiftungserscheinungen beim Verzehr der Pflanzenteile sind Magen-Darm-Beschwerden, Kreislaufversagen bis hin zum Kollaps.

Der Besenginster ist in Mitteleuropa heimisch und in Höhen bis circa 1.800 Metern anzutreffen. Er meidet Kalkböden und bevorzugt ein saures Bodensubstrat.

Streifzug 9 — Besenginster

rund 600 Metern kommen wir zu einer Bank. Hier weist uns der Weg nach links. Nun befinden wir uns auch auf dem Wildnis-Trail, dem wir auf dieser Wanderung noch einige Male folgen werden. Ein schmaler Waldpfad führt uns stetig bergab. Wenn wir die Info-Tafel zur Dreiborner Hochfläche erreichen, wenden wir uns nach links, gehen aber nicht auf den oberen Pfad links, sondern nehmen den Weg rechts davon, der uns nach **Erkensruhr** hineinführt. Unten sehen wir schon den Bach Erkensruhr – Ort und Bach tragen den gleichen Namen –, den wir bald überqueren und dann auf der Hauptstraße nach links weiterwandern. Man kann hier den Weg nicht verfehlen, wir folgen einfach der Ausschilderung des Wildnis-Trails, dem Holzschild mit der Katze. Den kleinen Ort durchstreifen wir und kommen schon nach 200 Metern zur **Hubertus-Kapelle**. Dort folgen wir dem Wildnis-Trail-Schild rechts auf einem asphaltierten Sträßchen bergauf. Nun müssen wir uns ein

1 Die Hubertus-Kapelle in Erkensruhr
2 Der Ort heißt wie der Bach – Erkensruhr.
3 Über die Brücke führt die Wanderung hinauf zur Dreiborner Hochfläche.

wenig anstrengen, denn der Anstieg in Richtung Waldrand ist steil. An der Wegkreuzung folgen wir der Wildkatze weiterhin steil bergauf in Richtung Dedenborn und Einruhr auf einem geschotterten Weg. Nach rund 200 Metern ist das Steilstück geschafft und wir sind jetzt wieder im Wald. Nun verlassen wir für eine Weile den Wildnis-Trail und folgen an der Info-Tafel links dem Weg in Richtung Hirschrott, der uns für rund 2,5 Kilometer hangparallel recht gemächlich durch den Laubwald führt und angenehm zu gehen ist. Wir folgen dabei immer der Beschilderung in Richtung Hirschrott. So sehr wir den Anblick des Ginsters genossen haben, freuen wir uns jetzt auf diese Waldstrecke. Hat uns das Gelb des Ginsters bereits geblendet? Braucht das Auge etwas Grün zur Kompensation?

Sobald wir uns wieder dem Tal nähern und das muntere Plätschern des Bachs vernehmen, stoßen wir auf einen asphaltierten Weg. Hier gehen wir für ein kurzes Stück rechts weiter, um dann direkt links über eine **Holzbrücke** erneut die Erkensruhr zu überqueren. Die Beschilderung weist hier

Streifzug 9

Der Besenginster und die Schiffelwirtschaft

In der Eifel findet man ihn an vielen Stellen und wegen seiner gelbgoldenen Blüten bezeichnet man ihn auch als „Eifelgold". Warum ist er hier so häufig anzutreffen? Die extensive Landwirtschaft, die jahrhundertelang in der Eifel betrieben wurde, lieferte ihm günstige Bedingungen. Die Felder wurden nur sporadisch bestellt und dienten in der Zwischenzeit als Weide. Das Mahdgut wurde abgetragen und dem Boden damit Nährstoffe entzogen. Auf diesen kargen offenen Flächen kann der Ginster gut gedeihen und sich dort zu ausgedehnten Ginsterheiden ausbreiten. Sollten die Parzellen wieder als Ackerland genutzt werden, wurde das Gras abgetragen – „abgeplaggt"– und mitsamt den Ginsterbüschen verbrannt. Die Asche diente dann als Dünger für die Äcker. Diese Bewirtschaftungsform der sogenannten „Schiffelwirtschaft" wurde noch bis zum Ende des 19. Jahrhunderts betrieben.

auf verschiedene Wanderwege hin, den Matthias-Weg, den Wanderweg 65 und die Rur-Olef-Route. An der Holzbrücke gibt es eine gute Gelegenheit, die Füße im Bach abzukühlen. Der Zugang ist sehr bequem.

Nach dem erfrischenden Fußbad wandern wir links parallel zur Erkensruhr durch den Nadelwald auf federndem Boden bergauf. Wir folgen dem Bach nun in Fließrichtung. Nach kurzem Aufstieg stoßen wir auf eine Straße, hier geht es rechts hinauf in Richtung Dreiborn und zum Schöpfungspfad. Wir passieren das **Ferienhaus „Waldstube"** und wandern durch einen Hohlweg bergauf weiter, bis wir an einer Info-Tafel den Einstieg zum **Schöpfungspfad** erreicht haben. Der Schöpfungspfad ist als meditative Wanderung konzipiert und möchte unter dem Namen „Dem Leben auf der Spur" dem Wanderer einen geistigen Zugang zur Natur ermöglichen. Hierzu sind an zehn Stationen Klapptafeln zu verschiedenen Themen aufgestellt. Auf der Vor- und Rückseite sind Zitate abgedruckt, die zum Innehalten und Nachdenken anregen. Mit dem Schöpfungspfad wandern wir rechts in Richtung Dreiborn und befinden uns jetzt auch wieder auf dem Wildnis-Trail. Bald kommen wir zur ersten Klapptafel zum Thema „Achtsamkeit". Auf schmalem Pfad geht es nun wieder etwas bergauf. Eine weitere Klapptafel behandelt das Thema „Monokultur". Das passt, wandern wir doch gerade durch einen dichten Fichtenforst. Bald entwickelt

1 Felsen und eine Höhle – die Etappe hat einiges zu bieten.
2 Ein felsiger Pfad führt hinauf.

Streifzug 9 Besenginster

sich unser Waldpfad recht urig und der Wildnis-Trail macht seinem Namen alle Ehre. Wir überqueren einen Bach über Steine und auf dem folgenden Kilometer wird es immer wilder. Der Trail lässt uns über Wurzeln kraxeln, führt an einigen Felsen vorbei und dann passieren wir noch eine imposante Höhle. Dieses Wegstück ist etwas anspruchsvoll zu gehen, aber wunderschön. Verwunschen und ursprünglich. Wäre der Ginster nicht unser Protagonist, diese Etappe wäre das Highlight der Tour.

Der Weg durch den Wald schraubt sich hinauf, und wenn wir die Hochfläche erreicht haben, führt er uns aus dem Wald hinaus. Entlang einer Wiese wandern wir einem Gehölzstreifen entgegen, dort geht es rechts und wir gelangen bald darauf an eine Bank. Hier sehen wir auch wieder den Ginster, den wir bereits vermisst haben. Also nutzen wir die Gelegenheit zu einer Rast, um uns mit Blick auf Wiesen und Wald etwas auszuruhen.

Anschließend geht es an der Bank links bis zu einer Info-Tafel, die uns erneut über das Wegegebot informiert, und dann an der Tafel rechts weiter. Hier verläuft auch die Rur-Olef-Route, der wir schon seit Erkensruhr gefolgt sind. Entlang eines Gehölzstreifens mit Schwarzerle führt uns der Weg dann über die Hochfläche durch teils schon etwas verbuschte und mit verschiedenen Sträuchern

1 Verlaufen unmöglich …
2 Leuchtendes Eifelgold

1

bestandene Areale. Himbeere, Holunder, Schlehe, Weißdorn, Birken – dazwischen immer wieder die gelben Blüten des Ginsters.

Wir folgen dem Weg bis zu einem Abzweig mit einer Bank. Die Route führt hier geradeaus weiter, doch wir unternehmen einen kleinen Abstecher. Hierzu folgen wir rechts dem Weg der Rur-Olef-Route. Es geht hier hinab zum **Mühlenbach**, einem Rinnsal, das aber gut ist, um erneut einen Moment die Füße zu kühlen und diese einzigartige Landschaft noch etwas zu genießen. Wir fühlen uns wie an einer Wasserstelle in der Prärie – die offene Landschaft, die vielen verschiedenen Pflanzen, Bienen und Schmetterlinge. Etwas exotisch wirkt die Szenerie schon, ein bisschen wie im wilden Westen.

Nun ist es nicht mehr weit, nur noch wenige Hundert Meter geradeaus führt uns der Weg zurück zum Ausgangspunkt, dem Parkplatz auf der Dreiborner Hochfläche. Für eine abschließende Einkehr können wir auf dem Heimweg im Ort das **Café Kupp 19** ansteuern.

Streifzug 9

Service

Der Streifzug

Beste Zeit: Mitte Mai bis Anfang Juni
Wanderung über die Dreiborner Hochfläche
Start: Wanderparkplatz Dreiborner Hochfläche
Länge: 13,7 km
Parken: Wanderparkplatz Dreiborner Hochfläche
Navi: Thol, 53937 Dreiborn
ÖPNV: von Schleiden-Gemünd Busbahnhof mit Taxi-Bus 831 bis Haltestelle „Feuerwehr" (zuschlagpflichtig; anfordern spätestens 30 Minuten vor Abfahrt unter Tel. 02441/99 45 45 45, Gruppen ab fünf Personen müssen sich drei Tage vorher anmelden), von dort noch 900 Meter bis zum Parkplatz

Einkehrmöglichkeiten

Café Kupp 19
Oberstraße 19
53937 Schleiden-Dreiborn
Tel. 02485/912 97 44
www.kupp19.de
Öffnungszeiten: Mi–Mo 9–18 Uhr,
jeden 1. Fr im Monat bis 21.30 Uhr

Hinweis

Die Wanderung führt streckenweise über den Wildnis-Trail und deshalb sind einige Passagen etwas anspruchsvoll. Festes Schuhwerk und gegebenenfalls sogar Wanderstöcke sind zu empfehlen.

Die Ginsterblüte kann man in der Eifel an vielen Stellen bestaunen, aber auch in der Region Köln-Bonn. Lohnenswert ist zum Beispiel ein Ausflug in die Wahner Heide. Einen schönen Eindruck von der Ginsterblüte in der Heide erhält man auf der 6,8 Kilometer langen Geisterbusch-Tour. Infos unter: www.wahnerheide.net ▸ Rundwanderwege ▸ Geisterbusch-Tour

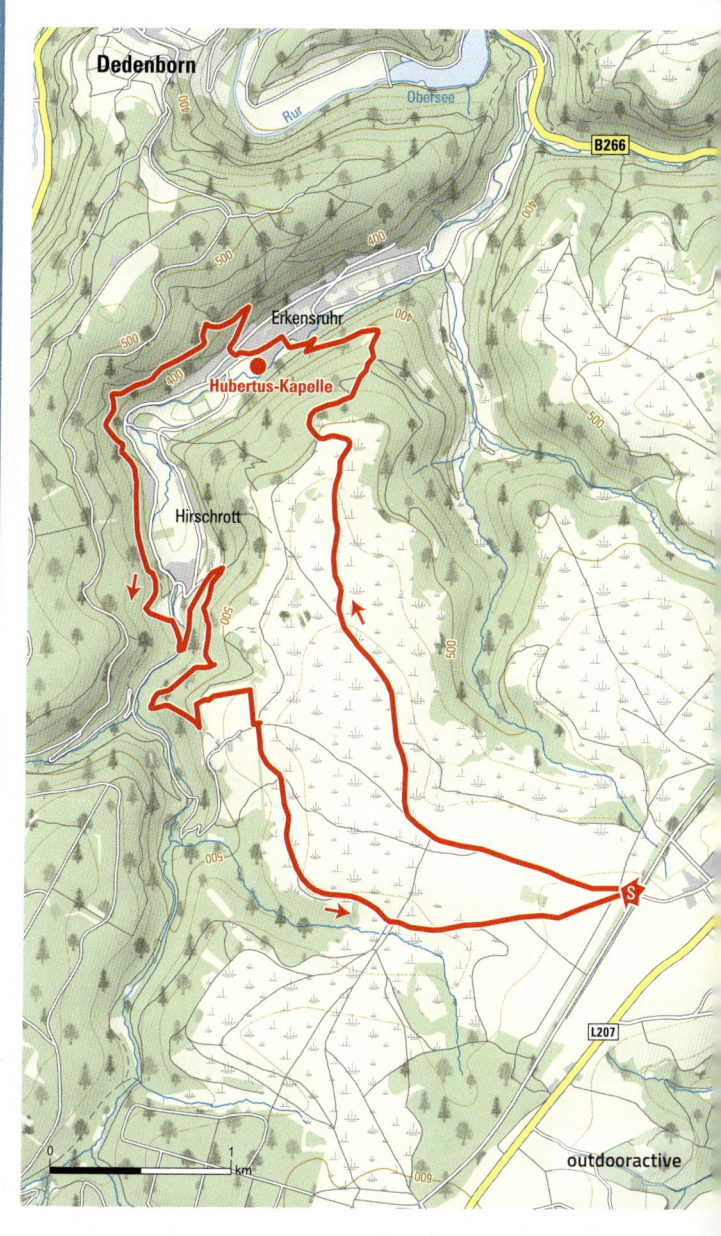

Streifzug 10

Rosen

**Die Königin der Blumen
auf dem Dach von Fort X in Köln**

Verführerischer Duft und eine Fülle von Farben empfangen Besucher des kleinen, fast geheimen Parks inmitten der Stadt. Der Rosengarten – ein reizvoller Ort der Abgeschiedenheit.

Im April 1815 war es beschlossene Sache: Die Delegierten des Wiener Kongresses entschieden, dass das Rheinland zu Preußen gehören sollte. In den folgenden Jahren bauten die Preußen Köln zur Festungsstadt aus als Bollwerk gegen die Franzosen, die zuvor 20 Jahre am Rhein regierten. Heute sind noch einige dieser Befestigungsbauwerke in der Stadt erhalten. Dazu gehört das **Fort X** als Teil der Verteidigungslinie, die die mittelalterliche Stadtmauer ersetzen sollte, die bis zum Jahre 1880 peu à peu niedergelegt wurde. Das Fort mit der Nummer zehn wurde in den Jahren 1819 bis 1825 errichtet und König Friedrich Wilhelm III. persönlich taufte die Anlage auf den Namen „Wilhelm von Preußen". Dass heute auf dem stattlichen Fort Rosen blühen, ist ein Verdienst des ehemaligen Kölner Oberbürgermeisters Konrad Adenauer. Nach dem Ersten Weltkrieg sollten gemäß den Weisungen der Alliierten alle Befestigungsanlagen gesprengt werden, doch Adenauer setzte sich für deren Erhalt und Umwandlung zu Grünanlagen ein. So erhielt Fort X eine neue Bestimmung. Auf dem Dach der Anlage wurde in den 1920er-Jahren ein Rosengarten errichtet, ganz im Sinne des Rosenliebhabers Konrad Adenauer. Entworfen hat die Anlage der städtische Gartendirektor Fritz Encke, der zahlreiche Parks und Grünanlagen in Köln konzipiert hat.

Heute sind im Garten rund 60 Rosensorten zu bestaunen. Es sind vor allem Moderne Rosen (siehe Seite 131), die nach dem Zweiten Weltkrieg, als der Garten schwere Verwüstungen erlitten hatte, vermehrt angepflanzt wurden. Die Rosen blühen meist zweimal im Jahr. Damit können Besucher fast den ganzen Sommer hindurch die Blüte erleben, die erste Blüte ist allerdings die schönere, da steht die Pflanze noch im

Streifzug 10

vollen Saft ihrer Kräfte. Zahlreiche Rosensorten des Gartens besitzen eine sogenannte „ADR-Zertifizierung". Dieses Gütesiegel zeichnet Sorten im Sinne der Allgemeinen Deutschen Rosenneuheitsprüfung (ADR) aus. Ein Hauptbewertungskriterium, um ein ADR-Zertifikat zu erlangen, ist die Widerstandsfähigkeit gegenüber Blattkrankheiten. Nur gesunde Sorten, die ohne Pflanzenschutzmittel einen guten Wuchs zeigen, erhalten dieses begehrte Zertifikat.

Die Blüte der edlen Blume, ob mit oder ohne ADR-Prämierung, möchten wir uns genauer ansehen und unternehmen eine Stippvisite in den entlegenen Garten. Das alte Fort liegt im bürokratisch als Neustadt-Nord bezeichneten Kölner Stadtteil, der von den Bewohnern aber einfach Agnesviertel genannt wird. Namensgeberin ist die neugotische Kirche St. Agnes – nach dem Dom die größte Kölner Kirche, deren Turm vom Rosengarten gut zu sehen ist.

Der Zugang zum Garten durch das Tor der äußeren Umwallung ist stufenlos gestaltet. Über Rampen spazieren wir durch die Anlage, bis wir oben auf dem Dach den Garten erreichen. Wir erblicken Rosen in allen erdenklichen Farben, so bunt haben wir uns das Arrangement gar nicht vorgestellt. Die Anlage ist symmetrisch und die Beete sind säuberlich in die Rasenflächen eingelassen. Blickpunkt in der Mitte des Parks ist der **Rosenpavillon**, der 2013 im Zuge einer Renovierung der Anlage instand gesetzt wurde. Ein Plätzchen für Verliebte oder einfach für ein Schwätzchen unter Rosen. Für einen längeren Spaziergang ist der Garten zu klein, aber für ein Schlendern und Blütenbetrachten genau richtig. So flanieren wir von Rose zu Rose und laben uns an Duft und Farbe der Blüten. Wir gestehen uns ein, bisher zu oft in Parkanlagen achtlos an Rosen vorbeigelaufen zu sein. Ihre Blüten sind wahrlich edel, jede auf ihre Art. Wir sehen die lachsrosa blühende Rose „Ave Maria" mit ihren üppigen Blüten oder die „Goldmarie" mit ihrem kräftigen Gelbton.

1 Der Rosenpavillon ist der Blickpunkt der Anlage.
2 Edel – Rosenbüsche auf gepflegtem Rasen

Streifzug 10

Rosen
(Rosa, Rosengewächse)
Gattung mit mehreren 100 Arten

❁ Blühzeit: Mai bis September ❁ Größe: variiert von ca. 30 cm (Zwergrosen) bis zu 6 m (Kletter- und Ramblerrosen) ❁ Blüte aus fünf Blütenblättern (Wildrosen), durch Züchtung Umwandlung von Staubblättern zu Blütenblättern, dadurch Zuchtformen mit unterschiedlich stark gefüllten Blüten, zahlreiche Staubblätter (50–200) als Merkmal vieler Rosengewächse, zahlreiche Fruchtblätter (10–50), Blütenfarbe Weiß, Rot, Rosa bis Gelb mit vielen Nuancen ❁ meist aus fünf Einzelblättern zusammengesetztes Blatt (gefiedert), Blätter eiförmig bis elliptisch, Blattrand gesägt ❁ luftige Böden, keine Staunässe, sonnig ❁ Zierpflanze

Sie haben einen verführerischen Duft, zauberhaft schöne Blüten, aber auch abweisende Stacheln. Vielleicht ist es dieser Gegensatz, der die Faszination dieser Pflanze ausmacht und die Menschen schon seit Jahrtausenden fesselt. In ihrer natürlichen Verbreitung finden sich Rosen nur auf der Nordhalbkugel, und zwar vornehmlich in den gemäßigten Breiten. Es sind mehrere Hundert Wildarten bekannt, daraus sind durch Züchtungen rund 30.000 Sorten entstanden. Die Klassifizierung der Rosen ist sehr schwierig und es gibt keine einheitliche Systematik. Neben der Einteilung nach Wuchsformen, zum Beispiel Strauch- oder Kletterrosen, unterscheidet man die Rosen in Wildrosen und Kulturrosen. Die verschiedenen Wildrosenarten – in Deutschland ist die bekannteste die Hundsrose (Rosa canina) – besitzen als charakteristisches Merkmal ungefüllte Blüten mit zahlreichen Staub- und fünf Blütenblättern. Die Früchte der Rosen, die Hagebutten, sind Sammelnussfrüchte, wie sie auch die Erdbeere, ebenfalls ein Rosengewächs, hervorbringt. Hagebutten sind reich an Vitaminen, insbesondere Vitamin C, Mineral- und Gerbstoffen und besitzen einen hohen Anteil des Ballaststoffs Pektin. Ein Tee aus den getrockneten Schalen ist ein altbewährtes Mittel unter anderem bei Blasenentzündungen, Gelenkerkrankungen und Erkältungen.

Hagebutten bilden die meisten Kulturrosen jedoch nicht mehr aus, dafür punkten sie mit üppiger Blütenpracht. In Persien und in China wurden schon seit Jahrtausenden Rosen kultiviert. In Europa setzte die Zucht von Zierrosen erst mit der Renaissance ein. Beflügelt wurde die europäische Rosenzucht durch den Einfluss neuer Sorten aus China, Persien oder Nordafrika, die im 16./17. Jahrhundert mit Handelsschiffen nach Europa kamen. Vor allem die chinesischen Rosen brachten einen interessanten Aspekt, denn sie blühten zweimal im Jahr und erweiterten mit neuen Farbnuancen und Blütenformen die heimischen Züchtungen.

Heute unterscheidet man die Kultur- oder Gartenrosen nochmals in Alte und Moderne Rosen. Die Einführung der ersten sogenannten Teehybriden im Jahre 1867, eine besonders edle Rosensorte mit langer Blühdauer, gilt als Unterscheidungskriterium. Alle Rosensorten, die nach 1867 entstanden sind, zählen nun zu den Modernen Rosen. Sie haben meist eine große einzelne Blüte, die an einem langen Stiel sitzt, und insgesamt einen edleren Habitus als die alten Rosensorten. Die Teehybriden waren Züchtungen einer chinesischen Rose mit einer europäischen Sorte. Teehybriden werden auch Edelrosen genannt und bilden heute die älteste Klasse der Modernen Rosen.

Ihre Blüten sind halbgefüllt, sodass wir die Staubblätter darin erkennen können. Besonders angetan hat es uns die Rose „Eden 85", die mit ihren prall gefüllten zartrosa Blüten etwas nostalgisch verträumt wirkt, und vielleicht weil es in Köln eine große Kathedrale gibt, tragen einige Rosen Namen bekannter Kirchen. So sehen wir an prominenter Stelle die Rosen „Aachener Dom" und „Ulmer Münster".

Rosenmarmelade

Rosen sind nicht nur eine Augenweide, ihr zarter Geschmack verführt auch den Gaumen. Vor allem in der orientalischen Küche haben Rosen beziehungsweise das aus dem Öl der Blätter gewonnene Rosenwasser zur Zubereitung von Süßspeisen eine lange Tradition. Insbesondere in der Türkei ist die Rosenmarmelade beliebt, die mit einem feinen Aroma besticht.

Für die Marmelade benötigt man circa 250 Gramm Rosenblätter, 2 Kilogramm Zucker, Saft einer Zitrone und Wasser. Welche Rosen man verwendet, ist Geschmackssache. Sie sollten auf jeden Fall ungespritzt sein und natürlich sollte eine duftende Sorte genutzt werden. Die Rosenblätter waschen und die weißen Enden abschneiden, da sie bitter schmecken. Blätter mit Zucker bestreuen (circa 150 Gramm), durchkneten und beiseitestellen. In einem Topf den restlichen Zucker mit Wasser bedecken und langsam bei mittlerer Temperatur aufkochen lassen. Schaum abschöpfen und gegebenenfalls den Topf von der Flamme nehmen, bis der Schaum sich legt. So lange köcheln lassen, bis der Zucker komplett geschmolzen ist und ein zäher Sirup entsteht. Dann die Rosenblätter und den Zitronensaft zugeben und nochmals aufkochen lassen. In Marmeladengläser füllen, fest verschließen, einige Minuten auf den Kopf stellen und abkühlen lassen.

Im zentralen Bereich stehen die Pflanzen dichter zusammen und ergeben somit ein großes Beet, das mit einer beeindruckenden Farbfülle unsere Aufmerksamkeit fesselt. Das Beet erinnert ein bisschen an die Farbenpracht eines Bauerngartens. An anderen Stellen des Parks geht es etwas edler zu, dort stehen einzelne Rosenbüsche solitär und stolz auf der Rasenfläche.

Das Wandeln durch den Rosengarten fordert unsere Sinne heraus, nicht nur unsere Aufmerksamkeit, auch der Nase werden Reize gesetzt, denn der Hauch des zarten Rosendufts umgibt uns. Wir setzen uns auf eine der zahlreichen Bänke, denn der Garten lädt geradezu zum Müßiggang ein. Es verlaufen sich nicht so viele Menschen hierher, alles wirkt etwas der Welt entrückt. Das sonore Brummen der Autos auf der nahen, viel befahrenen Inneren Kanalstraße lässt die Hektik der Stadt nur erahnen. Um ihr zu entfliehen, ist der Rosengarten der perfekte Ort. Da der Garten auf dem Dach des erstaunlich gut erhaltenen Forts angelegt wurde, können wir auf unserer Bank die Sonne genießen, die die engen Straßenschluchten um uns herum gar nicht mehr erreicht. In Gedanken sind wir bei Konrad Adenauer und danken ihm posthum für seine grünen Ideen. Schon auf dem Streifzug 8 in den Forstbotanischen Garten konnten wir erleben, wie aus

Rosenblüten üppig und prachtvoll

Streifzug 10 Rosen

alten Militäranlagen blühende Gärten wurden, hier inmitten der Rosen im Park des Forts nun ein weiteres Mal.

Rosengarten ist allerdings nicht mehr die korrekte Bezeichnung für den Park. Im Jahre 2008 wurde er in **Hilde-Domin-Park** umbenannt. Damit widmet die Stadt Köln den Garten der bedeutenden deutschen Lyrikerin, die ganz in der Nähe des Forts im Jahre 1909 zur Welt kam. Hilde Löwenstein, so ihr Mädchenname, stammte aus einem großbür-

Wertvolles Öl aus dem Tal der Rosen

Der Duft der Rosen ist verführerisch und beruhigend zugleich. Er wirkt entspannend und stimmungsaufhellend und auch eine aphrodisierende Wirkung wird ihm zugeschrieben. Träger des Dufts ist das wertvolle Rosenöl, das in einem mehrstufigen Destillationsverfahren aus den Blütenblättern gewonnen wird. Es besitzt eine Vielzahl von Inhaltsstoffen, die beiden wichtigsten sind Geraniol und Citronellol, die zu den Terpenalkoholen zählen. Rosenöl dient als Grundstoff für die Parfüm- und Kosmetikindustrie. Beim Destillationsprozess entsteht zudem Rosenwasser, das vor allem für die Zubereitung von Süßspeisen, zum Beispiel Marzipan, verwendet wird.

Bedeutendster Rosenöl-Produzent ist Bulgarien, im Anbaugebiet nahe der Stadt Kazanlak – im „Tal der Rosen" – wachsen die duftstarken Damaszener-Rosen, die für die Ölherstellung genutzt werden. Die Gewinnung ist Knochenarbeit, denn die Blüten müssen per Hand gepflückt werden und das am besten bei Sonnenaufgang. Der Temperaturunterschied von der Kühle der Nacht zur Hitze des Tages setzt die Pflanzen unter Stress und sie produzieren mehr Öl. Vier bis fünf Kilogramm Rosenblätter müssen gesammelt werden, um einen Milliliter Rosenöl zu gewinnen. Doch für den edlen Duft braucht es nicht viel, er entfaltet sich auch in kleinen Dosen.

gerlichen jüdischen Elternhaus. Während ihres Studiums in Heidelberg lernte sie ihren späteren Ehemann Erwin Walter Palm kennen. Beide gingen 1932 zum Studium nach Italien schon in weiser Voraussicht der politischen Veränderungen in Deutschland. Die Machtergreifung der Nationalsozialisten verhinderte ihre Rückkehr. Sie entschieden sich für ein Leben im Exil und fanden es in der Dominikanischen Republik. Aus Verbundenheit zu diesem Land legte Hilde Löwenstein sich den Künstlernamen Domin zu. Im Jahre 1959 veröffentlichte sie einen Lyrikband mit dem Titel „Nur eine Rose als Stütze". In dem Titelgedicht geht es um Isolation und die Sehnsucht nach Halt und einem festen Ort, vermutlich eine bildhafte Schilderung ihrer Gefühle in den Jahren auf der Flucht und im Exil.

Service

Der Streifzug

Beste Zeit: Mitte Mai bis Ende August
Parken: am Neusser Wall
Navi: Neusser Wall 33, 50670 Köln
ÖPNV: von Köln Hbf. mit Stadtbahnlinie 16 oder 18
bis Haltestelle „Reichenspergerplatz",
von dort 500 Meter Fußweg

Hilde-Domin-Park (Rosengarten)
Fort X
Neusser Wall 33
50670 Köln
Öffnungszeiten: Mai–Okt. 7–20 Uhr,
Sa/So und Feiertage 9–20 Uhr

Streifzug 11

Mädesüß und Heilziest

Die blühenden Wildwiesen im Siegtal

**Bienen und Schmetterlinge fliegen
von Blüte zu Blüte – im Sommer summt und
brummt es auf den Wildwiesen bei Eitorf
und ein buntes Stelldichein der Blumen
erfreut den Wanderer.**

Der Wildwiesenweg ist einer der 17 thematisch angelegten Rundwanderwege, die 2012 unter dem Namen Erlebniswege Sieg eröffnet wurden. Die rund 5,6 Kilometer lange Route führt zunächst durch das Mengbachtal, ein Seitental der Sieg, dann durch den Wald hinauf auf einen Höhenzug und über diesen hinweg wieder zurück ins Mengbachtal. Thema der Wanderung sind Wiesen, denn davon gibt es verschiedene, so zum Beispiel Magerwiesen, Fettwiesen oder Streuobstwiesen. Uns interessieren besonders die Magerwiesen, denn auf ihnen wachsen zahlreiche Pflanzen, die vor allem im Sommer üppig blühen. Da diese Flächen so wild und ursprünglich aussehen, werden sie auch Wildwiesen genannt.

Wir starten am Wanderparkplatz, studieren zunächst die Info-Tafel zum Wildwiesenweg und wandern hinter der Schranke auf einem breiten Weg in den Wald hinein. Dabei folgen wir immer dem rot-weißen Wegzeichen der Erlebniswege Sieg. Wir hören das Plätschern des Mengbachs, der zunächst rechts, später links von uns fließt. Bald lichtet sich der Wald, und wir sehen die Wiesen, die sich entlang des Bachs durch das Tal ziehen. Wundervoll ist es hier, ein Naturparadies, das mit seiner Beschaulichkeit sehr beruhigend auf uns wirkt.

Die Wiesen werden ein- bis zweimal im Jahr gemäht, meist im Spätsommer nach der Blüte. Die Mahd, die heute in erster Linie aus Naturschutzgründen betrieben wird, sorgt zum einen dafür, das Gelände von Bäumen und Sträuchern freizuhalten, zum anderen werden dem Boden durch die Entnahme des Heus Nährstoffe entzogen – aus diesem Grund

Streifzug 11 — Mädesüß und Heilziest

bezeichnet man sie auch als „mager". Eine Vielzahl von Pflanzen ist an diese Bedingungen angepasst. Entlang des Mengbachs ist der Boden zudem feucht, die Wiesenpflanzen, die sich hier angesiedelt haben, lieben es also nicht nur mager, sondern auch feucht. Eine Pflanze, die typisch ist für feuchte Standorte, ist das Mädesüß. Hier im **Mengbachtal** zeigt es sich sehr häufig und die charakteristischen weißen Blüten, die von Weitem etwas wollig aussehen, erregen unsere Aufmerksamkeit. Die Pflanze verströmt einen süßlichen Duft, und obwohl das Mädesüß keine seltene oder edle Pflanze ist, wirkt sie irgendwie außergewöhnlich. Ihr besonderes Kennzeichen sind die langen Staubblätter, die für das wollige Aussehen der Blüten verantwortlich sind.

An einigen Stellen hat sich zum Mädesüß in großer Zahl auch der Gilbweiderich gesellt. Mit seinen gelben Blüten bildet er zusammen mit dem Mädesüß einen gelb-weißen Blütenteppich. Wir laufen weiter auf dem bequemen Weg, der uns leicht ansteigend durch das Tal führt. Es ist still, vom

Wildwiese im Mengbachtal

Lärm der Zivilisation spüren wir nichts, einzig das Brummen der Insekten ist zu hören – eines der schönsten Sommergeräusche. Sie finden hier auf den Wiesen reichlich Nahrung, noch nie ist es uns derart deutlich geworden, wie viel Leben in so einer Wildwiese steckt. Fleißig suchen die Tiere den Nektar und sorgen für die Bestäubung und damit für den

Der Heilziest hat das Terrain erobert.

Fortbestand der Wiesen samt ihrer Pflanzen. Neben dem Mädesüß erblicken wir hier und da auch Wiesen-Bärenklau, Johanniskraut, Wiesenmargerite, Flockenblume und zahlreiche andere typische Wiesenbewohner. Trotz der Vielfalt wirken die Wiesen eher schlicht, nicht so kitschig wie uns Wildwiesen oft auf Werbebroschüren präsentiert werden.

Nachdem wir fast zwei Kilometer durch das Tal gewandert sind, erblicken wir eine große Zahl lilafarbener Blüten. Sie gehören dem Heilziests, der auch Echter Ziest genannt wird und hier sehr großflächig auftritt. Diese Pflanze ist ein sogenannter Magerkeitszeiger, Düngung verträgt sie nicht. Auf den feuchten Wiesen im Mengbachtal hat sie optimale Bedingungen und fügt dem Talgrund einen schönen Farbaspekt hinzu. Wir blicken versonnen auf das lilafarbene

Streifzug 11

Echtes Mädesüß
(Filipendula ulmaria, Rosengewächse)

- ❋ Blühzeit: Juni bis August ❋ Größe: 50–150 cm
- ❋ fünf cremefarbene Blütenblätter mit zahlreichen sehr langen Staubblättern und bis zu zehn Fruchtblättern, Blüten mit mandelartigem Duft, Blütenstand rispenförmig
- ❋ Blätter gefiedert, meist zwei bis fünf Paare mit einer Endfieder, kleine Fiederblätter zwischen den großen
- ❋ feuchte Standorte im Ufergebüsch oder feuchte Wiesen
- ❋ Aroma- und Heilpflanze

Die duftende Pflanze wurde einst zum Aromatisieren von Bier und Wein verwendet, der Name „Mädesüß" leitet sich von „Metsüß" ab, denn die Pflanze gab auch dem Honigwein der Germanen die nötige Würze. In der Küche ist sie deshalb auch als Würzkraut beliebt, wegen ihres süßlich mandelartigen Geruchs wird sie vor allem für die Zubereitung von Milchspeisen und Fruchtgelees genutzt. Allerdings sollte die Pflanze nicht im Übermaß verzehrt werden, denn sie enthält eine Reihe von Salicylsäureverbindungen, die die Magenschleimhaut reizt. Salicylsäure ist der Grundstoff für Aspirin. Das Echte Mädesüß, das auch als Spierstrauch bekannt ist und früher den wissenschaftlichen Namen Spiraea ulmaria trug, lieferte damit nicht nur den Ausgangsstoff, sondern auch den Markennamen für das Medikament.

Ein Tee aus den Blättern, Blüten oder auch Wurzeln des Mädesüß wird in der Naturheilkunde als natürliches Aspirin bei Schmerzen, Erkältungen und rheumatischen Erkrankungen verwendet. Der Pflanze wird zudem eine harn- und schweißtreibende Wirkung zugeschrieben. Neben den Salicylsäureverbindungen besitzt das Mädesüß eine Reihe weiterer Wirkstoffe, darunter auch verschiedene Gerbstoffe und Flavonoide. Das Echte Mädesüß, das im Volksmund auch Wiesenkönigin genannt wird, ist in den gemäßigten Klimazonen der Nordhalbkugel verbreitet.

Streifzug 11

Meer der Blüten und beobachten Bienen, Hummeln und Schmetterlinge, die eifrig hin- und herfliegen. Für uns ein entspannter Anblick, für die Insekten vermutlich harte Arbeit.

Wir wandern weiter bis zu einer Weggabelung. Hier gehen wir nach rechts und verlassen damit das Mengbachtal mit seinen Wildblumen. Kaum sind wir auf den Weg nach rechts abgebogen, müssen wir aufpassen, denn nach knapp 100 Metern führt die Route spitz rechts auf einen Pfad. Er führt uns durch den Wald immer leicht bergauf. Das Blätterdach spendet uns Schatten, angenehm nach der Sonne, die uns im Tal auf den Kopf geschienen hat. Von unserem Weg aus können wir zunächst an manchen Stellen noch auf das Tal hinabblicken, doch bald entfernen wir uns immer mehr und der Pfad führt uns mit einigen Kehren hinauf auf einen Höhenzug – die **Gecksbitze**. Bevor wir oben ankommen, passieren wir eine Waldlichtung, auf der einige Kastanienbäume stehen. Kurz darauf gelangen wir zu einem breiten Querweg, dem wir nach rechts folgen. Diesem bleiben wir nun bis zum Schluss der Wanderung treu. Nach rund 500 Metern Wegstrecke kommen wir links zu einer Lichtung mit einer Obstwiese. Diese wirkt inmitten des bewaldeten Kamms zwar etwas deplatziert, aber wir

Wildwiese mit Heilziest

erfreuen uns an dem ungewohnten Anblick. Wenig später entdecken wir auf einem Baumstamm einen merkwürdigen Schmetterling – er ist riesig groß und offensichtlich unecht. Es handelt sich hierbei jedoch nicht um eine Kunstinstallation, sondern der Schmetterling ist ein Objekt der Kinder-Fotosafari. Entlang des Wildwiesenwegs sind sechs Tiere aufgestellt, die alle in den Wäldern und Wiesen des Mengbachtals leben. Darunter auch die seltene Wildkatze oder der Schwarzstorch. Wer noch nicht erwachsen ist, vier Tiere findet, fotografiert und die Bilder einschickt, nimmt an einem Gewinnspiel teil. Eine prima Idee, um Kinder an die Beobachtung in der Natur heranzuführen.

Durch den Wald wandern wir weiter auf dem breiten Weg, der uns nun leicht bergab in Richtung Eitorf führt. Nach kurzer Zeit erreichen wir rechts die **Storker Hütte**, die an einer Hangwiese gelegen ist und einen tollen Blick auf Eitorf, das Siegtal und den bewaldeten Höhenzug des Leuscheids freigibt. Hier bietet sich die Gelegenheit zu einer Rast.

Auf der Schlussetappe unserer Wanderung gehen wir auf einem asphaltierten Weg bergab wieder zurück zum Ausgangspunkt der Tour. Wir wandern entlang von Wiesen und Weiden über offenes Land. Den Wald und das verschwiegene

Streifzug 11

Heilziest (Echter Ziest)
(Stachys officinalis, Lippenblütengewächse)

❀ Blühzeit: Juli bis August ❀ Größe: 30–100 cm
❀ zweilippig, obere Lippe gewölbt, Unterlippe dreiteilig mit größerem Mittelteil, vier Staubblätter, Fruchtblätter verwachsen, ährenförmiger Blütenstand, der untere Blütenquirl etwas unterhalb versetzt von den oberen, Blütenfarbe Rosa, Rot, Violett
❀ Blätter länglich schmal, Ränder gekerbt, gegenständig angeordnet ❀ feuchte Standorte, kalkarm, magere Wiesen
❀ Heilpflanze

Dem Heilziest – der Name verrät es schon – wurde früher eine große Heilwirkung zugeschrieben und als Allheilmittel gepriesen. Im Volksglauben sagte man der Pflanze nach, dass sie böse Geister vertreiben könne. Sogar Hildegard von Bingen empfahl den Heilziest bei schlechten Stimmungen und bösen Träumen. Heute hat die Pflanze, die auch als Betonie, Pfaffenblümlein oder Echter Ziest bezeichnet wird, als Heilpflanze keine große Bedeutung mehr. In der Schulmedizin findet sie keine Verwendung, in der Homöopathie nutzt man sie unter anderem bei Erkrankungen von Galle, Leber, Bauchspeicheldrüse, der Atemwege, bei Schwindel sowie Schwächezuständen.

Die Wirkstoffe des Heilziests sind verschiedene Gerb- und Bitterstoffe wie das Stachydrin und die Alkaloide Betonicin oder Cholin. Diesen Stoffen wird vor allem eine entzündungshemmende Wirkung zugeschrieben. Früher verwendete man den Heilziest unter anderem bei Durchfall, Magen-Darm-Erkrankungen, Gicht, Wasser- und Gelbsucht, Asthma und Rheuma. Genommen wurden die Blätter und Blüten, ein Tee aus den Wurzeln diente vor allem als Brechmittel. Wegen seiner entzündungshemmenden und auch zusammenziehenden Wirkung nutzte man eine Essenz der Pflanze als Mundwasser bei Entzündungen des Rachens und des Zahnfleischs.

Warum der Heilziest als Heilpflanze etwas in Vergessenheit geraten ist – darüber kann man nur spekulieren, vermutlich ist seine Wirkung zu allumfassend und zu wenig spezifisch. Beliebt ist er jedoch nach wie vor bei Hummeln, Bienen und Schmetterlingen, sie fliegen ihn eifrig an, denn er bietet ihnen ausreichend Nektar.

Die Pflanze ist in Europa, Nordafrika und Westasien bis zu einer Höhe von circa 58 Grad nördlicher Breite anzutreffen.

Streifzug 11 Mädesüß und Heilziest

Mengbachtal haben wir verlassen, weniger Natur-, sondern mehr Kulturlandschaft bestimmt den Landschaftscharakter der Schlussetappe. Nach einigen Hundert Metern erreichen wir eine große Wiese, die mit einer Bank unter einer Eiche ein weiteres schönes Plätzchen für eine Pause bietet. Bei dieser Wiese handelt es sich um eine sogenannte Fettwiese, die im Gegensatz zu den Wiesen im Mengbachtal gedüngt und mehrmals im Jahr für die Heugewinnung gemäht wird. Fettwiesen liefern energiereiches Futter für die Tiere, allerdings sind sie im Vergleich zu Magerwiesen sehr viel artenärmer. Durch die Düngung siedeln sich schnellwüchsige Pflanzen an, die das Areal rasch erobern und anderen Pflanzen keine Chance geben, sich auszubreiten.

Die asphaltierte Route führt uns in Kurven weiter hinab ins Tal und bald sehen wir einige verwunschene Streuobstwiesen rechts und links unseres Wegs. Wie früher, denken wir, als die Landschaft noch romantisch, nicht begradigt

Blütenmilch

Die Blüten des Echten Mädesüß geben vor allem Süßspeisen ein schönes Bittermandelaroma. Als Basis für Milchspeisen eignet sich eine mit Blüten angereicherte Milch. Dazu werden circa drei Esslöffel frische Mädesüßblüten (diese vorher von den Blütenstengeln zupfen) und ein halber Liter Milch benötigt. Die Blüten in die kalte Milch geben und aufkochen, dann fünf Minuten ziehen lassen. Danach die Milch durch ein Sieb gießen und die Blüten kurz ausdrücken. Die Milch kann nun zur Zubereitung von Puddings oder Grießbreis verwendet werden. Mädesüßblüten können auch gut getrocknet genutzt werden und sind im Kräuterfachhandel oder online zu erwerben.

1 Grillständer vor der Storker Hütte
2 Das Wegezeichen der Sieg Erlebniswege ist nicht zu übersehen.

und auf Ertrag getrimmt war. Unter den Obstbäumen blühen bunt die Wiesenblumen, und wir können uns vorstellen, wie viele Käfer, Bienen, Schmetterlinge, Mäuse und Vögel hier leben. Auf unserer Wanderung auf dem Obstweg in Leichlingen (siehe Streifzug 6) haben wir erfahren, was für einen wichtigen ökologischen Beitrag Streuobstwiesen in unserer heutigen aufgeräumten Landschaft bieten. Wie schön, dass wir uns hier an ihnen erfreuen können. Ein gelungener Abschluss einer kleinen, aber feinen Wiesenwanderung.

Streifzug 11

Service

Der Streifzug

Beste Zeit: Juli bis August
Wanderung auf dem Wildwiesenweg
Start: Wanderparkplatz Bourauel, Hohner Weg
(Achtung: Der Parkplatz befindet sich auf der rechten Seite einer engen Linkskurve!)
Länge: 5,6 km
Navi: Hohner Weg, 53783 Eitorf
ÖPNV: keine direkte Anbindung an den ÖPNV

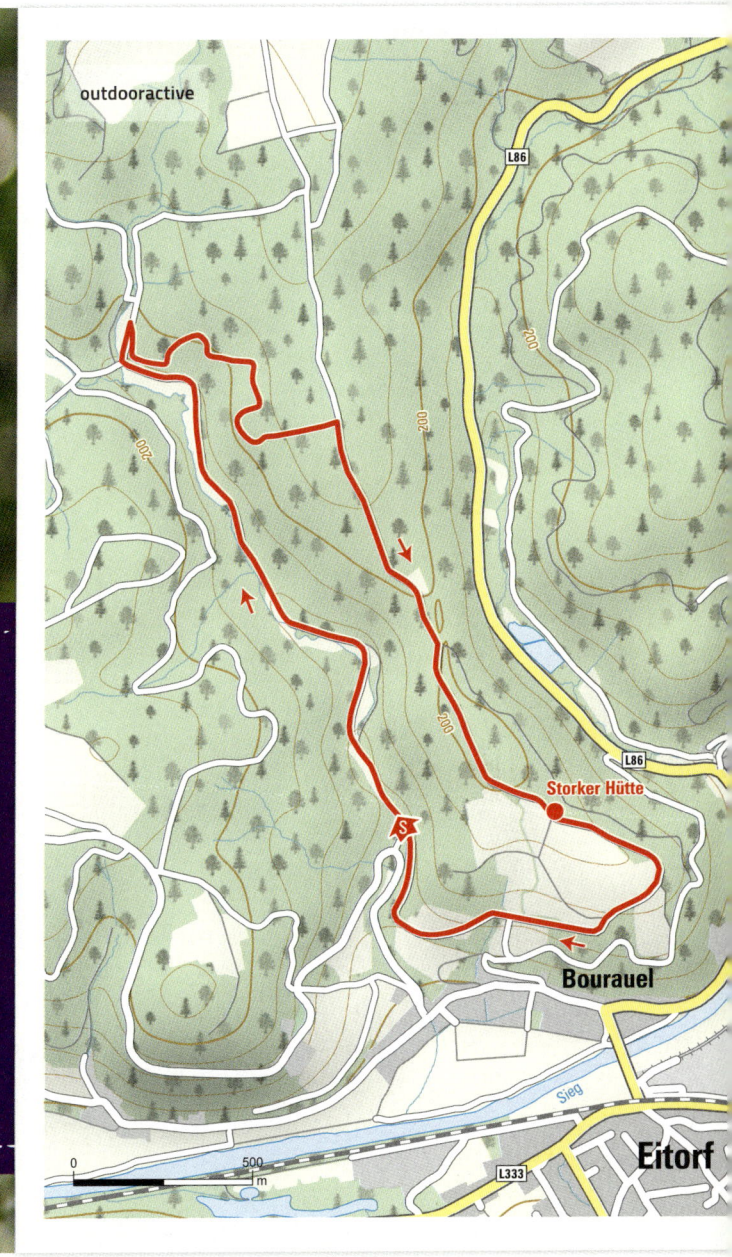

Streifzug 12

Lungenenzian und Teufelsabbiss

Bezaubernde Blütenpracht
in der Sistig-Krekeler Heide

**Die Sistig-Krekeler Heide ist eines
der artenreichsten Gebiete der Eifel und
hier finden sich zahlreiche seltene Pflanzen.
Im August blühen Lungenenzian und
Teufelsabbiss – ein Rausch in Blau und Violett.**

Eine Wanderung durch die Sistig-Krekeler Heide ist nicht nur für botanisch interessierte Menschen ein Erlebnis, auch Laien werden begeistert sein von der Pflanzenvielfalt, die sich dem Betrachter bietet. Bemerkenswert sind nicht nur die zahlreichen Orchideen wie das Gefleckte und Breitblättrige Knabenkraut oder die Grüne Hohlzunge, sondern auch große Bestände der Arnika sind zu bestaunen.

Die Heide liegt auf einer leicht hügeligen Hochfläche in der Westeifel. Den Untergrund bilden Quarzite aus dem Zeitalter des Unterdevons, die vor rund 400 Millionen Jahren entstanden sind. Die Böden auf diesem Gestein sind sauer und aufgrund des atlantischen Klimaeinflusses ist die Hochfläche recht regenreich. Teilweise sind die Gesteine von Tonschichten überlagert, an diesen Stellen neigen die Böden zur Staunässe. Daher präsentiert sich die Hochfläche auch als ein Mosaik verschiedener Standorte, von feuchten Senken über teilweise sogar moorige Flächen bis zu trockeneren Arealen. Keine guten Bedingungen für den Ackerbau, deshalb wurden die Böden jahrhundertelang extensiv bewirtschaftet, entweder dienten sie der Beweidung mit Schafen oder wurden nur für kurze Zeit als Ackerland genutzt. Diese Form der Landnutzung förderte die Entwicklung verschiedener auf diese Bedingungen spezialisierter Vegetationstypen, darunter artenreiche Mager- und Feuchtwiesen. Diese Bewirtschaftungsform wurde jedoch nach und nach aufgegeben, und die Flächen im 19. Jahrhundert wurden vermehrt mit Fichtenforsten bestückt, die die Wiesen immer weiter zurückdrängten. Im Jahr 1979 wurden das Heidegebiet unter

Streifzug 12 Lungenenzian und Teufelsabbiss

Schutz gestellt und Teile der Fichtenforste entfernt. Heute leben in der Sistig-Krekeler Heide circa 260 Pflanzenarten, darunter rund 40 sehr seltene – wie der Lungenenzian, der hier eine der größten Populationen in Nordrhein-Westfalen aufweist. Zu ihm gesellt sich der Teufelsabbiss, der die Heide bis in den September hinein massenhaft überzieht. Beide Pflanzen tauchen die Wiesen in einen blau-violetten Ton. Um dieses Farbenspiel zu bestaunen, machen wir uns auf zu einer Wanderung in die Heidelandschaft und entscheiden uns für den Wanderweg 9. Wir gehen ihn entgegen dem Uhrzeigersinn, dadurch kommen wir zum Schluss der Wanderung in die Sistig-Krekeler Heide und können uns dort zum

1 Die Wildenburg
2 Begegnung mit Pferden kurz vor dem Dorf Roder

Ausklang ausgiebig der Betrachtung der Pflanzen widmen. Zunächst geht es am Waldrand entlang parallel zur L 22 und wir erreichen kurz darauf den kleinen Ort **Benenberg**. Auf dem Sträßchen „Hohlweg" wandern wir bis fast zur Wildenburger Straße (L 22). Dort leitet uns die Wanderwegweisung nach rechts. Bald laufen wir entlang eines Tals, das von großen Wiesen eingenommen wird. Ein kurzes Stück geht es nun durch den Wald, danach führt uns die Route über einen Hohlweg hinunter zum Ort **Wildenburg** mit der gleichnamigen Burganlage. Kaum haben wir den Ort erreicht, blicken wir auch schon auf den Turm der ehemaligen Ritterburg, die im 12. Jahrhundert erstmals urkundlich erwähnt wurde und die Jahrhunderte unbeschadet überdauert hat. Im 18. Jahrhundert ging die Anlage an das Kloster Steinfeld, die Mönche lebten hier bis zu ihrer Vertreibung im Zuge der Säkularisation. Heute dient die Burg als

Jugend- und Begegnungsstätte. Wir überqueren die Straße und stehen vor der **Burgschänke Wildenburg**, die eine schöne Einkehrmöglichkeit mit eindrucksvollem Eifel-Panoramablick bietet. Über einen schmalen Pfad geht es nun direkt vor der Burgschänke bergab zum **Manscheider Bach**. Der Pfad schlängelt sich durch den Wald, wir folgen ihm, bis wir die Talsohle erreicht haben.

Links geht es nun auf dem breiten Weg entlang des als Naturschutzgebiet ausgewiesenen Tals. Wiesen flankieren den Bach, der an manchen Stellen mustergültige Prall- und Gleithänge ausgebildet hat, denn in dem breiten Bachbett hat das kleine Fließgewässer genügend Platz, um seinen natürlichen Lauf zu finden. Auf den Wiesen entlang des Bachs kann man in den Monaten September und Oktober die blühende Herbstzeitlose (siehe Seite 182) bewundern.

Wir erreichen nach einem knappen Kilometer Wanderstrecke durch das Tal die K 62 und überqueren sie. Auf der anderen Seite treffen wir auf eine Info-Tafel zum „Wasseramselpfad". Sie gibt Auskunft über die besondere Schutzwürdigkeit des Manscheider Bachs als natürliches Fließgewässer. Wir gehen rund einen halben Kilometer weiter geradeaus, das kleine Gewässer ist nach wie vor unser

Streifzug 12

Lungenenzian
(Gentiana pneumonanthe, Enziangewächse)

❋ Blühzeit: Juli bis September ❋ Größe: 15–50 cm
❋ fünf glockenförmig verwachsene Blütenblätter,
auf der Innenseite grün punktierte Streifen, Blütenfarbe Blau,
meist nur eine oder wenige Blüten am Ende des Stängels
❋ schmale, längliche, lanzettliche Blätter, sitzen gegenständig am Stängel ❋ feuchte, sonnige, kalkfreie Standorte,
Moorwiesen, Magerwiesen ❋ geschützt

Früher war man der Ansicht, dass Pflanzen genau die Organe heilen, denen sie ähnlich sehen. Da die blauen Blüten mit den grünen Punkten im Inneren ein wenig an Lungengewebe erinnern, kam diese Enzianart zu ihrem Namen. Allerdings irrt in diesem Fall der Volksglaube, denn die Pflanze enthält keinerlei Wirkstoffe, die bei Lungenerkrankungen Linderung verschaffen.

Der Lungenenzian öffnet seine Blüten erst ab einer Temperatur von mindestens 19 Grad, ab 25 Grad Celsius kommen sie zu voller Entfaltung. Damit kann er nur auf sonnigen Standorten bestehen. Man findet ihn auf mageren Wiesen mit feuchtem Boden. Da diese extensiv bewirtschafteten Standorte immer mehr verloren gehen, ist die Pflanze sehr selten geworden und steht unter Naturschutz.

Die Blüten des Lungenenzians sind für einige Tiere von großer Bedeutung. So für den Kleinen Moorbläuling, auch Lungenenzian-Ameisenbläuling genannt. Der sehr seltene Schmetterling legt seine Eier einzig auf der Blüte des Lungenenzians ab. Damit hängt der Fortbestand des Schmetterlings auch mit dem des Lungenenzians zusammen. Die kelchförmige Blüte des Enzians bedingt aber ebenfalls die Bestäubung von Hummeln, denn nur sie sind in der Lage, die tief unten im Kelch der Blüte sitzenden nektarbildenden Drüsen zu erreichen. Nach der Bestäubung bildet der Lungenenzian Kapselfrüchte aus, der Samen wird durch Wind oder durch Anhaftung an Tieren weitergetragen. Der Lungenenzian kommt in Europa und den gemäßigten Breiten Asiens vor.

Streifzug 12 — Lungenenzian und Teufelsabbiss

Begleiter, und kommen an einer Bank an einen Wegabzweig. Hier heißt es aufpassen, denn unser Wanderweg 9 biegt an dieser Stelle auf einen Pfad links bergauf ab.

Nun liegt eine kurze, aber schweißtreibende Strecke vor uns. Denn es geht stramm bergauf, bis wir nach rund 200 Metern eine Hochfläche erreichen. Weiden, auf denen uns Pferde neugierig beäugen, zur Linken und Wald zur Rechten wandern wir nun auf ebener Strecke weiter. Der kleine Ort **Roder** ist unser nächstes Ziel, das wir nach rund 700 Metern erreichen. Wir passieren den Dorfplatz nebst einem alten, verfallenen Bauernhaus und gehen dann entlang moderner, schön herausgeputzter Häuser aus dem Dorf wieder hinaus. Am Ortsausgang führt uns die Route nach rechts auf einen Weg, der am Waldrand entlang weiterverläuft. Hier wandern wir nun bis zur B 258 und zum **Forsthaus Rüth**, überqueren die Straße und stoßen auf der anderen Seite auf einen etwas abenteuerlichen Pfad, den offensichtlich länger niemand mehr genutzt hat. Dieser leitet uns zunächst am Waldrand entlang, kurz darauf geht es links recht rustikal über die Felder bis zum Ort **Rüth**. Wir folgen der Krekeler Straße durch den beschaulichen Ort und an einem extravagant gestalteten und bemalten Haus geht es rechts weiter wieder aus Rüth hinaus. Auf einem Sträßchen wandern wir bergab, passieren

Ein Kiefernhain in der Sistig-Krekeler Heide

Auf den großen Wiesen der Heide finden sich zahlreiche Pflanzenarten.

ein kleines Waldstück und erreichen kurz darauf die Ausläufer des Orts **Krekel**. Wir folgen der Straße durch den Ort, die bald in einer Rechtskurve hinunter zum **Fischbach** führt. An der T-Kreuzung halten wir uns links. Kurz darauf treffen wir auf eine Sitzbank mit Tisch unter einem Baum. Die kommt wie gerufen für eine Rast. Zudem dient die Bank als wichtige Wegmarkierung, denn hier heißt es erneut aufpassen! Kurz hinter der Sitzgruppe geht es geradewegs über das Feld den Berg hinauf. Ein Wegweiser fehlt. Nun müssen wir uns ein weiteres Mal anstrengen. Rund 200 Meter stapfen wir den steilen Hang hinauf und kommen dabei gehörig aus der Puste. Oben stoßen wir auf die L 22 und werden mit einem tollen Panoramablick über die Eitelhöhen belohnt. Also erst einmal gucken und genießen, bevor wir die L 22 überqueren und dort links ein paar Meter an der Straße entlanggehen. Dann finden wir schnell rechts den Einstieg in einen Weg, der uns nun von der Straße fortführt und nach 100 Metern links in die **Sistig-Krekeler Heide** hineinleitet. Nur noch wenige Schritte, dann sehen wir links gelbe Pfähle und einen Pfad, der uns am Rand einer großen Wiese entlangführt. Wir befinden uns nun im Heidegebiet, das wir in Ruhe erkunden möchten. Dazu bewegen wir uns immer entlang der gelben Pfähle, die durch das Areal führen. Hält man sich an dieses Wegegebot, kann hier jeder auf eigene Faust umhergehen und für sich die reizvollsten Ecken entdecken. Das Heidegebiet

Streifzug 12

Gewöhnlicher Teufelsabbiss
(Succisa pratensis, Geißblattgewächse)

❀ Blühzeit: Juli bis September ❀ Größe: 20–100 cm
❀ halbkugelige Köpfchen aus 50 bis 80 Einzelblüten, aus jeder Blüte ragen zwei miteinander verwachsene Fruchtblätter, die Griffel, heraus, Blüten entweder rein weiblich oder zwittrig, bei zwittrigen Blüten zusätzlich vier Staubblätter, diese reifen früher als Fruchtblätter, Blütenfarbe Violett, Blau ❀ längliche, lanzettliche Blätter, die unteren ganzrandig, obere manchmal gezähnt
❀ feuchte Standorte, Magerwiesen, Moorwiesen
❀ Heilpflanze ❀ gefährdet

Aus Wut über ihre Heilkräfte habe der Teufel den Wurzelstock der Pflanze abgebissen, so eine alte Sage. Betrachtet man die unterirdische Sprossachse der Pflanze, das Rhizom, dann sieht sie wirklich wie abgebissen aus, denn der untere Teil des Wurzelstocks stirbt im Herbst ab.

Der attraktive Teufelsabbiss ist eine typische Wiesenpflanze der mageren offenen Feuchtwiesen, Nektarspender für eine Vielzahl von Insekten und Nahrungsquelle für zahlreiche Raupen, so zum Beispiel für den äußerst seltenen Goldenen Scheckenfalter.

Nach der Befruchtung bringt die Pflanze behaarte Achänen – eine nussartige Schießfrucht – heraus. Die Verbreitung erfolgt mit dem Wind oder der Anhaftung an Tieren.

Der Teufelsabbiss ist in Süddeutschland auch Bestandteil der Kräuterbuschen, die an Maria Himmelfahrt gesegnet werden (siehe Seite 160). Früher glaubte man auch, der Teufelsabbiss schütze vor Zauberei, und trug ihn als Amulett um den Hals.

Die Pflanze kommt von Nordafrika über West- und Mitteleuropa bis in den Westen Sibiriens vor. Im Jahr 2015 kürte sie die Loki Schmidt Stiftung zur „Blume des Jahres".

Streifzug 12 Lungenenzian und Teufelsabbiss

Gesegnete Kräuter

Der Legende nach fanden die Apostel, als sie am dritten Tag nach dem Begräbnis der Gottesmutter Maria ihr Grab aufsuchten, keinen Leichnam. Stattdessen war die Grabstätte gefüllt mit Rosen und Lilien und am Rand blühten duftende Kräuter. Am 15. August, an Mariä Himmelfahrt, werden in der katholischen Kirche deshalb traditionell Kräutersträuße, die Kräuterbuschen, gesegnet, als Dank für die Wohltaten, die die Kräuter den Menschen geben. Doch schon die Kelten und Germanen wussten um die Kraft der Kräuter, die im August ihre größte Wirkung und ihr stärkstes Aroma entfalten. Das Binden von Kräutersträußen zu dieser Zeit ist somit eine vorchristliche Tradition und wurde im 8. Jahrhundert sogar von der Kirche verboten. Da die Menschen von diesem Brauch aber nicht lassen konnten, übertrug man die Kräutersegnung auf die Gottesmutter.

Das Anfertigen der Buschen hat gleichwohl etwas Mystisches, denn die Anzahl der Kräuter richtet sich immer nach den heiligen Zahlen, vor allem der drei, sieben und neun, oder muss durch diese teilbar sein. Mindestens sieben Kräuter gehören in einen Buschen; welche Kräuter verwendet werden, ist von Region zu Region verschieden. Typischerweise bildet die Königskerze die Mitte des Buschens, daneben finden sich zum Beispiel Alant, Arnika, Dost, Frauenmantel, Johanniskraut, Kamille, Liebstöckel, Schafgabe, Wermut, Rainfarn, Teufelsabbiss oder Thymian. Die Buschen werden kopfüber im Haus aufgehängt und bewahren die Bewohner vor Unheil und Krankheit oder dienen ganz praktisch als Winterapotheke.

wird ab Mitte Juli abschnittsweise gemäht, und so blicken wir zunächst enttäuscht auf die Wiese, denn keine blühenden Pflanzen sind zu sehen. Doch wir müssen nicht lange suchen, schon bald erspähen wir sowohl den Lungenenzian, der von dem weitaus größeren Teufelsabbiss überragt wird. Beide Pflanzen lieben die etwas feuchteren Standorte, sodass sie hier gemeinsam die Feuchtwiesen besiedeln. Der Teufelsabbiss bildet einen großflächigen Teppich aus zartvioletten Blüten, dazwischen lugen am Boden die blauen Blütenstände des Enzians hervor – wir sind begeistert. Wie viele Pflanzen werden es sein? Tausende? Um den Pflanzen noch etwas näher zu kommen, gehen wir in die Hocke und betrachten die Blüten genauer. Der Wind weht über die Wiese und lässt die Halme der Gräser und die Blütenköpfe hin- und herschwingen. Bis zum Horizont nur Blau und Violett. Wir sind uns einig: Das ist eine der schönsten Wiesen, die wir je gesehen haben.

Wir wandern weiter durch das Gebiet und treffen an manchen Stellen auch auf die typische Heidevegetation mit Besenheide und einigen versprengten Exemplaren der Glockenheide. Die Vielfalt der Vegetation ist einzigartig und wir nehmen uns vor, zu einer anderen Jahreszeit nochmal hierherzukommen, wenn die Arnika und Orchideen das Terrain mit ihrem Blütenflor überziehen.

Wir folgen den Pfählen rechts am Rand des Heidegebiets und werden automatisch auch wieder hinausgeleitet. Wir stoßen auf einen Pfad, der durch ein Wäldchen führt und dann zu einer Info-Tafel zum Heidegebiet. An einem Häuschen vorbei geht es bis zu einer asphaltierten kleinen Straße. Auf dieser wandern wir links bis zur Bundesstraße, überqueren sie und schon geht es auf der anderen Seite auf einem Pfad weiter. Auch hier hangeln wir uns von einem gelben Pfahl zum nächsten und gehen über eine große Wiese, auf der ein Landwirt mit einer Mähmaschine gerade das Heu erntet. An deren Ende gelangen wir auf einen Weg, der links wieder zurück zum Wanderparkplatz führt.

Streifzug 12

Service

Der Streifzug

Beste Zeit: August
Örtlicher Rundwanderweg Nummer 9 der Gemeinde Kall
Start: Wanderparkplatz in Benenberg an der
Wildenburger Straße (L 22)
Länge: 10,2 km
Navi: Benenberg Wildenburger Straße (L 22)/K 62.
Der Parkplatz befindet sich rechts von der Straße
und ist ausgeschildert.
ÖPNV: von Kall Busbahnhof mit Taxi-Bus 885
bis Haltestelle „Benenberg"; Fahrt 30 Minuten
vorher telefonisch anfordern unter
Tel. 02441/99 45 45 45

Einkehrmöglichkeiten

Burgschänke Wildenburg
Wildenburg 1
53940 Hellenthal
Tel. 02482/73 44
www.burgschaenke-wildenburg.de
Öffnungszeiten: Fr–Di und Feiertage 11.30–22.30 Uhr

Hinweis

Wer auf die Wanderung verzichten und nur das Heidegebiet erkunden möchte, geht vom Parkplatz nach rechts auf einen Wiesenpfad und folgt diesem über die B 258 hinweg. Dann befindet man sich bereits im Zentrum des Naturschutzgebiets. Entlang der gelb markierten Pfähle kann man das Terrain auf eigene Faust erkunden und sich auf die Spur von Enzian und Co. machen.

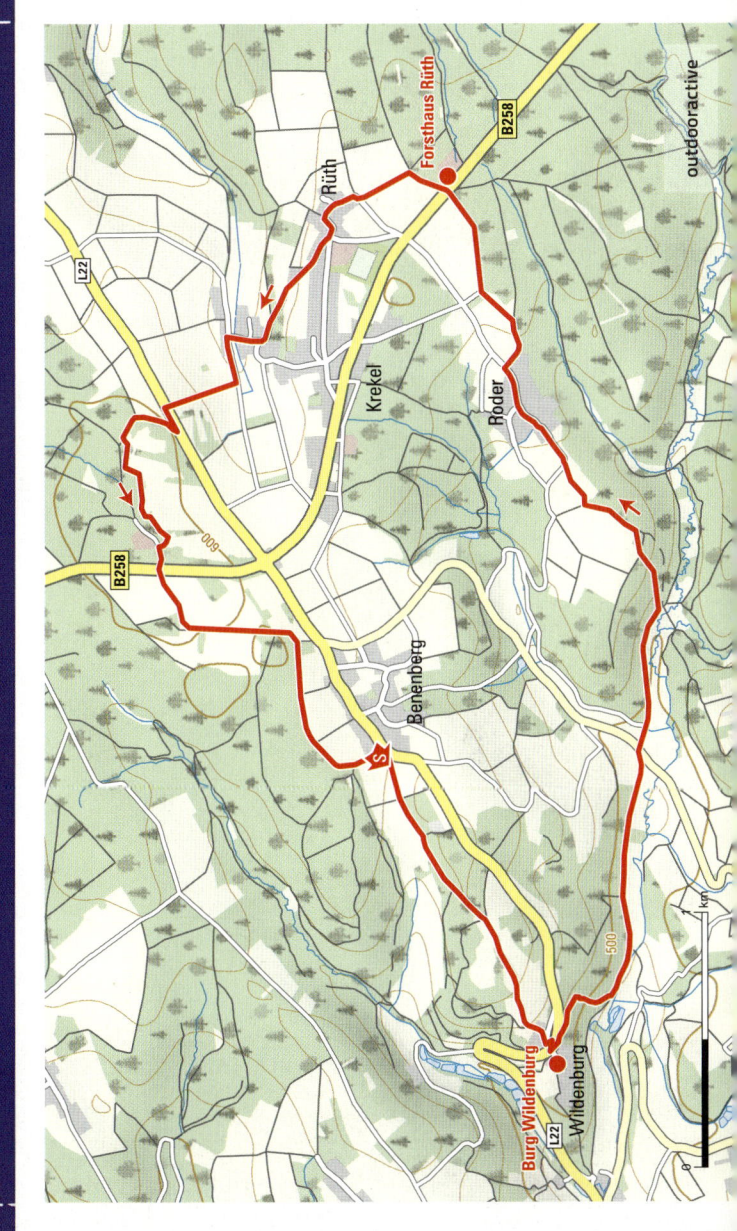

Streifzug 13

Besenheide

Die Wahner Heide –
außergewöhnlich und wunderschön

**Das Heidekraut besiedelt die sandigen Böden
der Wahner Heide und zur Blütezeit im Spätsommer
zeigt sich der Zwergstrauch in einem rosafarbenen Kleid.
Eine Wanderung zu dieser Zeit ist ein Genuss für
die Augen und eine Freude für die Seele.**

Das rund 5.000 Hektar große Gebiet der Wahner Heide vor den Toren Kölns ist das artenreichste Naturschutzgebiet Nordrhein-Westfalens. Rechtsrheinisch auf der sogenannten Mittelterrasse des Rheins gelegen bildet vor allem Schotter, den der Fluss hier abgelagert hat, den Untergrund. Zusätzlich bedecken eiszeitliche Flugsande das Areal, die teils als mächtige Binnendünen das Gelände strukturieren. Neben diesen trockenen und nährstoffarmen Sanden, die insbesondere von der Besenheide, Kiefern und Eichen besiedelt werden, haben sich in den Senken oder auf tonigen, wasserspeichernden Schichten auch Moore und Auwälder gebildet. Dieses Mosaik verschiedener Standorte mit teils extremen Umweltbedingungen hat eine sehr artenreiche, hoch spezialisierte Fauna und Flora entstehen lassen. Etwa 700 seltene und vom Aussterben bedrohte Tier- und Pflanzenarten leben in diesem einzigartigen Naturschutzgebiet, das von der Europäischen Union zum Flora-Fauna-Habitat-Gebiet (FFH) ausgewiesen worden ist. Die Wahner Heide genießt somit auch internationalen Schutzstatus.

Seit Anfang des 19. Jahrhunderts nutzten die Preußen die Heide für militärische Übungen. Später waren es die belgischen Streitkräfte und ab 2004 die Bundeswehr, die die militärische Nutzung fortsetzten. Somit war die Wahner Heide über einen sehr langen Zeitraum vor Besiedlung geschützt. Da das Areal bis 2004 nur an den Wochenenden betreten werden durfte, konnte sich die Natur hier trotz Beeinflussung durch das Militär mehr oder weniger ursprünglich erhalten. Allerdings nimmt circa ein Drittel der Fläche der Flughafen Köln/Bonn ein.

Streifzug 13 Besenheide

Die Wahner Heide ist Teil und südlicher Abschnitt der Bergischen Heideterrassen, ein rund 80 Kilometer langes, aber nur wenige Kilometer breites Landschaftsband verschiedener Heidegebiete. Um den Erhalt und die Pflege des südlichen Abschnitts dieses schützenswerten Naturraums kümmert sich mit großem Engagement das ehrenamtliche Bündnis Heideterrasse.

Die Blüte der Besenheide, die von August bis in den Herbst hinein der Heidelandschaft den charakteristischen rosa-violetten Farbton gibt, möchten wir uns ansehen und wählen deshalb eine Wanderung, die uns im Mittelteil zur Fliegenbergheide führt. In diesem Bereich tritt die Besenheide großflächig auf und uns erwarten dort zudem spektakuläre Blicke auf das Siebengebirge.

Wir starten am Parkplatz vor der Gaststätte Heidekönig. Hier stehen Bänke und Tische idyllisch auf einer großen Wiese unter Bäumen. Wir merken uns diese schöne Lokalität für die Einkehr am Schluss unserer Wanderung vor. Doch jetzt geht es erst einmal durch das kleine Tor hinein in die Wahner Heide. Nach knapp 200 Metern kommen wir auf einen breiten Weg, den **Stellweg**, den wir überqueren und geradeaus weitergehen. Die Wege in der Wahner Heide sind rot markiert, meist prangt die Farbe auf Holzpfählen. Das Wandern abseits der gekennzeichneten Wege ist nicht gestattet, zum einen aus Naturschutzgründen, zum anderen weil immer noch Kampfmittel in der Erde verborgen sind.

Die Route führt uns unter Eichen und Birken hindurch, Farn finden wir im Unterwuchs. Mitunter bilden sich auf dem Boden Schlammkuhlen, festes Schuhwerk ist hier angeraten.

Nach knapp 600 Metern stoßen wir auf den **Eisenweg**, eine alte Handelsverbindung, auf der vermutlich schon vor 2.000 Jahren Eisenerze aus dem Siegener Raum transportiert wurden. Wir biegen hier links ab und erreichen bald einen Abzweig, der mit „Sicherungsposten 7" gekennzeichnet ist. Auf diesem Weg gehen wir nach rechts. Jetzt wird es unter unseren Füßen deutlich sandiger und die zahlreichen

1 Pfähle mit roter Markierung weisen den Weg.

2 Vielfältige Landschaft – auch Waldpassagen gibt es in der Heide.

Kiefern, die hier stehen, vermitteln bereits einen ganz besonderen Landschaftscharakter. Nach rund 200 Metern gelangen wir zu einer Wegkreuzung, hier wandern wir geradeaus durch die offene Heide und treffen nun auf die ersten Binnendünen. Die Sande wurden zum Ende der letzten Eiszeit, also vor rund 10.000 Jahren, abgelagert. Ein Schild macht uns auf den militärischen Sicherheitsbereich aufmerksam. Wir überqueren diese beeindruckende Heidelandschaft und folgen dabei immer den roten Markierungspfählen. An einer großen Eiche gehen wir links auf dem Weg weiter. Diese Passage über die offene Fläche der Heide war nur ein Appetithappen, denn wir verlassen den Offenlandbereich auch gleich wieder und wandern geradeaus weiter in den Wald hinein. Es ist ein Birkenbruch, in dem Moorbirken und der stark im Bestand gefährdete, imposante Königsfarn sowie einige ebenfalls sehr seltene Moosarten wie das Sparrige Torfmoos wachsen. Wir gehen weiter durch den urwaldähnlichen Birkenwald und stoßen nach einem knappen Kilometer auf einen breiten Weg, den **Planitzweg**, dem wir nach rechts folgen. Wir bleiben ihm nun für knapp zwei Kilometer

Streifzug 13

Besenheide
(Calluna vulgaris, Heidekrautgewächse)

❀ Blühzeit: August bis Oktober ❀ Größe: 30–100 cm
❀ vier Blüten- und Kelchblätter, beide meist gleichfarbig, letztere etwas länger, acht Staubblätter, Einzelblüte nickend, traubiger Blütenstand, Blütenfarbe Rosa, Violett, selten Weiß
❀ kleine, längliche, lanzettliche, immergrüne Blätter, sitzen dachziegelartig, gegenständig am Stängel
❀ nährstoffarme, saure, eher trockene Böden

Die Besenheide ist ein immergrüner Zwergstrauch, dessen getrocknete Zweige früher tatsächlich zum Kehren verwendet wurden – daher der Name. Verbreitet ist sie über Mittel- und Nordeuropa bis nach Westsibirien, und da sie auf nährstoffarmen, sandigen und eher trockenen Standorten gut gedeiht, findet man sie häufig in Regionen, die von eiszeitlichen Ablagerungen geprägt sind. Hier bedeckt sie meist großflächig die Landschaft. Dabei hilft ihr der Mensch, denn ihr Aufkommen und Erhalt sind eng verknüpft mit der traditionellen Heidewirtschaft (siehe Seite 173).

Für Bienen, Hummeln und Schmetterlinge ist sie eine beliebte Pflanze, denn sie liefert einen besonders gehaltvollen Nektar mit hohem Zuckeranteil. Für Imker ist die Besenheide somit eine hervorragende Bienenweide und der Heidehonig gilt als eine begehrte Spezialität.

Die Besenheide bildet Kapselfrüchte aus, die reichlich Samen enthalten. Sie werden durch Wind verbreitet und keimen unter Lichteinfluss. Auch Hitze ist förderlich für die Samenkeimung, ein gelegentliches Feuer stimuliert die Reifung des Samens und schadet dem Bestand somit nicht. Vegetativ kann sich die Pflanze auch durch Bewurzelung der Zweige ausbreiten.

Die Besenheide enthält als Wirkstoff unter anderem das Glycosid Arbutin, dem eine antibakterielle, harntreibende und blutreinigende Wirkung zugeschrieben wird. Ein Tee aus Heideblüten mit Honig soll zudem beruhigend wirken und den Schlaf fördern.

Streifzug 13

Zauberhafter Birkenwald

treu. Bald sehen wir links eine Info-Tafel, die uns über die Besonderheiten des Birkenwalds aufklärt. Neben dessen ökologischer Bedeutung ist das Waldstück zu unserer Linken einfach zauberhaft und erinnert an eine Märchenkulisse. Bilden wir es uns nur ein oder hüpfen dort im Gras unter den Birken kleine Feen heraus und waren da nicht gerade ein paar Trolle beziehungsweise Kobolde zu sehen, die sich im Wald verstecken?

Rechts macht uns bald ein Schild darauf aufmerksam, dass wir uns jetzt der Roten Zone mit extremster Munitionsbelastung und absolutem Betretungsverbot nähern. Also bleiben wir brav auf dem Weg, der uns kurz darauf zur **Altenrather Straße** leitet. Diese überqueren wir nicht, sondern biegen knapp davor rechts auf einen etwas schmucklosen Pfad ein, der uns entlang der Straße wandern lässt. Doch bald ist das geschafft und links erblicken wir wieder die offene Heide – das Sperrgebiet haben wir nun auch hinter uns gelassen. Geradeaus schauen wir auf ein bizarres Baumgerippe, das ein bisschen wie ein Urviech aussieht. Hier gehen wir links ab auf einen Weg, der an dem umgestürzten Baum

1 Der umgestürzte Baum ist ein beliebtes Fotomotiv.
2 Die blühende Heide setzt attraktive Farbtupfer.

vorbei in die **Fliegenbergheide** führt. Wir passieren Eichen, die knorrig und ehrfurchtsvoll ihre Zweige in die Höhe strecken, und schauen auf das blühende Heidekraut. Wir sind bezaubert von dieser außergewöhnlichen Landschaft, die auch gern als Kulisse für Hochzeitsfotos genutzt wird. Nach ungefähr 500 Metern kommen wir zu einem großen Wanderparkplatz an der Altenrather Straße, die wir nun über den Parkplatz hinweg überqueren. Auf der anderen Seite geht es dann links weiter hinein in die Fliegenbergheide. Unter prächtigen Eichen führt der Weg leicht bergauf. Hier haben wir nun wieder gehörig viel Sand unter den Füßen. Um am Hang des etwa 133 Meter hohen Fliegenbergs hinaufzu-

Streifzug 13

Der Leyenweiher ist fast schon ein See.

stapfen, ziehen wir unsere Schuhe aus. Denn wir möchten diese einzigartige Landschaft intensiv erspüren. Es ist ein warmer Tag, der heiße Sand wärmt unsere Füße, über uns das Blau des Himmels und vor uns das farbige Meer der Heideblüten. Wir befinden uns in einem der größten Ballungsräume Nordrhein-Westfalens, Flugzeuge überfliegen uns in geringer Höhe – die Landebahn ist nicht weit. Trotzdem fühlen wir uns wie am Strand in einem fernen Land.

Wir folgen dieser Sandpiste bis zum Waldrand, der von hohen Kiefern geprägt ist, dann rechts weiter entlang des Heidegebiets. Bald eröffnet sich uns ein weiter Blick hinein bis ins Siebengebirge. Eine Info-Tafel zur Pflege und Nutzung der Wahner Heide krönt den kleinen Aussichtspunkt. Weiter geht's entlang der Heide, wunderschön sind die Eichen, die hier stehen und der Landschaft einen ganz besonderen Reiz verleihen. Gern möchte man sich hier als Landschaftsmaler versuchen. Wir erreichen einen Querweg und gehen rechts weiter. Unsere Schuhe ziehen wir hier wieder an, unseren zivilisationsgeschädigten Füßen hat die Passage durch den Sand gutgetan, aber die Etappe vor uns verlangt dann doch wieder festes Schuhwerk.

Der Weg schlängelt sich zunächst durch Heide und Sand, später durch Gras, bis wir erneut auf einen breiten Querweg

Die Heide braucht Pflege

Ohne den Menschen könnte die Besenheide auf Dauer nicht bestehen, denn die Pflanze ist auf bestimmte Faktoren angewiesen, die mit der traditionellen Heidewirtschaft gegeben waren. Bis zu Beginn des 20. Jahrhunderts weideten Rinder, Schweine, Ziegen und Schafe in großer Zahl auf den Flächen der Wahner Heide und dezimierten damit nicht nur aufkommendes Buschwerk, sondern sie knabberten auch an den Trieben der Besenheide. Und dieser Viehverbiss ist wichtig für einen gesunden Wuchs und reiche Blüte, denn wird die Pflanze zu groß, verholzen die Triebe und werden kahl.

Neben der Beweidung wurde die Heide auch „abgeplaggt", das heißt, der Heideboden wurde abgetragen, in den Viehställen ausgebracht und mit dem Streu samt tierischer Exkremente vermischt. Diese Einstreu diente dann wieder als Dünger für die Äcker. Mit diesem Plaggenhieb wurde auch die Humusschicht mit dem Streu der Besenheide entfernt. Das ist wichtig, um den jungen Keimlingen der Pflanze das Aufkommen zu ermöglichen, denn in der dichten Humusauflage, die sich nur schwer zersetzt, können sie sich nicht gut entwickeln.

Da die traditionelle Heidewirtschaft, die vergleichbar ist mit der sogenannten Schiffelwirtschaft (siehe Seite 120), heute nicht mehr rentabel ist, muss sie aus Gründen des Naturschutzes nachgestellt werden – in der Wahner Heide übernehmen Ziegen und Schafe diese Aufgabe und sorgen dafür, dass die Heide blüht und gedeiht.

Streifzug 13 Besenheide

stoßen. Hier laufen wir rechts weiter und kommen in den Wald hinein. An sonnigen Tagen ist es sehr angenehm, nach der Heidepassage nun wieder ein schattenspendendes Blätterdach über sich zu haben und die frische Waldluft zu atmen. Nach 200 Metern geht es, kurz bevor wir eine Schranke sehen, rechts ab. Der Pfad schlängelt sich nun etwas durch den Wald, wir halten uns immer an die roten Pfähle, die uns als Leitlinien dienen. Nach circa 200 Metern stoßen wir auf das Emblem des Natursteigs Sieg, dem wir nach links folgen. Nun gelangen wir zum **Leyenweiher**, der in der Mitte des 19. Jahrhunderts als Fischteich angelegt wurde. Wir setzen uns auf eine der Bänke, wo wir uns mit Blick auf den idyllischen See ein wenig ausruhen können.

Links am See vorbei schlängelt sich der Weg durch den Wald. Wenn wir den Abzweig **„Rehsprungweg"** erreichen, gehen wir rechts. Nach rund 200 Metern stoßen wir auf einen Querweg, dem wir wiederum nach rechts folgen. Nach kurzer Strecke überqueren wir ein Rinnsal, den Heimbach. Wenig später entlässt uns der Wald wieder und wir befinden uns nun unterhalb der Fliegenbergheide. Die Heide zur Rechten wandern wir weiter, bis wir nach ein paar Hundert Metern wieder zu der uns bereits bekannten **Altenrather Straße** kommen, die wir überqueren. An dieser Stelle berühren sich Hin- und Rückweg der Tour, und über den Parkplatz hinweg gehen wir rechts wieder in die Heide hinein, auf demselben Weg, den wir auch gekommen sind. Sobald wir das Baumgerippe erreichen, stoßen wir erneut auf den breiten **Eisenweg**, dem wir nun nach links folgen. Der breite Weg führt uns nun immer näher zum Telegrafenberg, der uns zum Abschluss unserer Wanderung mit spektakulärer Aussicht belohnt. Das Schild links zum Telegrafenberg ignorieren wir und gehen noch ein paar Meter weiter, denn dann öffnet sich bald der Blick rechts in die offene Heidelandschaft. Dort sollte man unbedingt hineinschauen, denn hier blicken wir auf einen großen Dünenzug, der mit der Besenheide überzogen ist. Ein wunderschönes Heidepanorama, das

Aussicht vom Telegrafenberg

Violett der Blüten leuchtet in der Sonne und viele Besucher finden sich hier ein, um diese pittoreske Landschaftsszene zu fotografieren. Allerdings ist das Betreten des Areals verboten, denn es handelt sich um eine alte Panzerstraße, und man vermutet, dass im Erdreich noch Munition verborgen ist. An das Verbot halten sich allerdings die wenigsten Besucher, aber wir möchten Vorbild sein und verlassen an dieser Stelle den Eisenweg. Links gehen wir auf den Pfad, folgen nach 100 Metern der sandigen Piste nach rechts und erreichen vorbei am blühenden Heidekraut die höchste Erhebung der Wahner Heide, den 134 Meter hohen **Telegrafenberg**. Seinen Namen erhielt er von der Telegrafenstation, die auf seinem Gipfel thront und von den Preußen im Jahr 1834 errichtet wurde.

Wie gemalt steht eine Bank unter einer Eiche. Hier setzen wir uns nieder und genießen den Blick auf die Heidelandschaft und die umgebenden Wälder. Ein schöner Ort, um zu entspannen und einfach versonnen in die Ferne zu blicken. Gelegentlich können wir ein Flugzeug sehen, das sich der Landebahn nähert. Erneut bietet uns dieser Aussichtspunkt einen merkwürdigen, aber faszinierenden Gegensatz von Natur und Technik.

Von der Bank geht es über den Gipfel hinweg rechts auf den breiten Stellweg. Nach etwa einem halben Kilometer folgt links der Abzweig, der uns wieder zurück zur **Gaststätte Heidekönig**, der verlockenden Einkehrmöglichkeit, bringt.

Service

Der Streifzug

Beste Zeit: August bis Anfang September
Wanderung durch die Wahner Heide
Start: Parkplatz an der Gaststätte Heidekönig
(alternativ: Wanderparkplatz Spicher Mauspfad)
Länge: ca. 10 km
Navi: Mauspfad 3, Troisdorf
ÖPNV: keine direkte Anbindung an den ÖPNV

Einkehrmöglichkeiten

Waldwirtschaft Heidekönig
Mauspfad 3
53842 Troisdorf
Tel. 02241/145 31 50
www.der-heidekoenig.de
Öffnungszeiten: in den Sommermonaten
Di–So ab 11.30 Uhr
(übrige Jahreszeiten siehe Website)

Hinweis

Ein kurzes Teilstück der Wanderung kann auch
barfuß zurückgelegt werden, deshalb ist es ratsam,
zum Säubern der Füße ein Handtuch
in den Wanderrucksack zu packen.

Streifzug 14

Herbstzeitlose

Die Wiesen der Urdenbacher
Kämpe in zartem Violett

**Wenn sich der Sommer dem Ende zuneigt,
die Früchte reifen und viele Pflanzen nicht mehr blühen,
dann ist die Zeit gekommen für die Herbstzeitlose.
Sie gibt dem Herbst mit ihren zartvioletten Blüten noch
mal einen frühlingshaften Akzent.**

Die Urdenbacher Kämpe ist eine Altrheinschlinge im Süden Düsseldorfs und eine der letzten naturnahen, regelmäßig überfluteten Auenlandschaften in Nordrhein-Westfalen. In der Mitte des rund 316 Hektar großen Geländes befindet sich Haus Bürgel, ein mittelalterlicher Gutshof und ehemaliges Römerkastell. Die Römer errichteten es einst auf der linken Rheinseite, bei einem Extremhochwasser im Jahre 1374 kam es jedoch zu einer Verlagerung des Flussverlaufs, seitdem liegt Haus Bürgel auf rechtsrheinischem Gebiet. Heute ist hier die Biologische Station Düsseldorf/Kreis Mettmann untergebracht. Zudem beherbergt Haus Bürgel ein Römermuseum und eine Kaltblutpferdezucht.

Als circa 2,5 Kilometer langer Bach ist der ehemalige Rheinverlauf im Gelände gut zu sehen, er markiert die Besiedlungsgrenze zum Düsseldorfer Stadtteil Urdenbach. Hier befinden sich auch die artenreichen Bürgeler Wiesen, auf denen ab dem Spätsommer mitunter bis in den November hinein die Herbstzeitlose mit ihren zartvioletten Blüten in großen Beständen zu bewundern ist.

Um uns die Pflanze, die zu den giftigsten einheimischen Gewächsen zählt, anzusehen, entschließen wir uns zu der zehn Kilometer langen Rundwanderung „Natur pur", die uns einmal um die Urdenbacher Kämpe und die Bürgeler Wiesen herumführt.

Wer sich die Wanderung ersparen und nur die Wiesen mit der Herbstzeitlose ansehen möchte, der kann vom Wanderparkplatz in Düsseldorf-Urdenbach an der Drängenburger Straße/Baumberger Weg zu einem Spaziergang aufbrechen. Vom Parkplatz geht es entlang der Straße nach links, dann

Streifzug 14

1 Idyllisch sind die Wege durch die Urdenbacher Kämpe.
2 Die ersten Exemplare der Herbstzeitlose zeigen sich.

mit der Straße den Altrheinarm überqueren und direkt links auf einen Fußweg abbiegen. Von dort ist es nur noch ein kurzes Stück bis zum Einstieg rechts auf den Pfad, der über die Bürgeler Wiesen führt.

Wir möchten jedoch die Vielfalt der einzigartigen Auenlandschaft kennenlernen und starten zu unserer Rundwanderung am **Campingplatz Monheim-Baumberg**. Wir folgen dem Weg, der geradeaus Richtung Wald führt. An der Schranke biegen wir links auf den etwas schmaleren Pfad ab und ignorieren den breiteren, der weiter geradeaus führt. Das grüne Emblem unserer Tour „Natur pur" haben wir bereits entdeckt und folgen nun immer dieser Wegweisung. Die Route führt uns zunächst durch den Auwald. Eindrucksvoll sind die Misteln, die wir recht zahlreich in den hohen Pappeln erblicken. Bald können wir durch die Bäume hindurch bereits das Wasser des Rheins schimmern sehen. Wir sind dem Fluss nun schon sehr nah. Kurz darauf gabelt sich unser

Pfad, wir bleiben links und wenig später führt uns der Weg direkt zum Rhein. Nach knapp 100 Metern gehen wir rechts auf einem Wiesenpfad immer parallel zum Fluss. Wir stapfen durch die Auenwiesen, die mitunter auch schon mal feucht sein können. Links begleitet uns der große Strom mit den tuckernden Schiffen und auf den Wiesen sind Gruppen von Weiden zu sehen. Diese Bäume sind typisch für die sogenannte Weichholzaue, also jenen Teil des Auwalds, der regelmäßig überflutet wird. Die Strecke entlang des Flusses ist wunderbar, sie gibt uns ein Gefühl von Weite und Freiheit. Hier weht ein leichter Wind und wir genießen den Blick über den schnell dahinfließenden Strom. Nach knapp einem Kilometer entlang des Pfads erreichen wir die **Rheinfähre Zons-Urdenbach**, die **Feste Zons** können wir auf der anderen Rheinseite sehen. Wer mag, kann hier mit der Fähre übersetzen, die mittelalterliche Stadt Zons besichtigen und nach diesem Ausflug die Wanderung fortsetzen. Auf diese Weise fügt man dem Streifzug noch etwas Kultur hinzu und kann zweimal eine erfrischende Flussfahrt über den Rhein genießen.

An einigen Pfählen entdecken wir Markierungen, die die Wasserstände des Rheins kennzeichnen. Diese Markierungen werden wir auf der Wanderung an vielen Stellen sehen. Die Urdenbacher Kämpe bietet dem Fluss genügend Raum, um sich auszudehnen, und ist damit auch ein wichtiger Retentionsraum für Düsseldorf und die Städte stromab.

Am Fährhaus verlassen wir den Rhein und gehen nach rechts, passieren die Gaststätte **Haus Ausleger** und biegen dann links ab auf einen asphaltierten breiten Weg. Nach etwa 300 Metern führt uns die Route an einem Feld nach rechts. Zunächst entlang eines Gehölzsaums, später über freies Feld wandern wir auf diesem Pfad und erfreuen uns an der Aussicht über die Niederrheinische Landschaft. Auf den Feldern hat sich vereinzelt der Mohn zwischen die Feldfrüchte geschmuggelt und gelegentlich sehen wir auch noch ein paar Sonnenblumen. Nach rund 400 Metern stoßen wir auf einen Weg und biegen hier links

Streifzug 14

Herbstzeitlose
(Colchium autumnale, Zeitlosengewächse)

❋ Blühzeit: Ende August bis November ❋ Größe: 5–40 cm
❋ sechs Blütenblätter, diese verwachsen zu einer langen, trichterförmigen Röhre, sechs Staub- und drei Fruchtblätter, Blütenfarbe Violett, Rosa, selten Weiß
❋ Blätter breit, lanzettlich, stehen in grundständiger Rosette
❋ feuchte Wiesen und Weiden, Auwälder, sonnig bis halbschattig, windgeschützt ❋ Heil- und Giftpflanze

Die Herbstzeitlose, die dem Krokus (siehe Seite 14) sehr ähnlich sieht, hat einen außergewöhnlichen Lebensrhythmus. Sie blüht spät im Jahr und überwintert mithilfe einer unterirdischen Knolle. Die Knolle stirbt später ab und eine neue bildet sich über der alten. Im Frühjahr entwickelt sich das Blattwerk und mit dem Blattaustrieb wird auch die Kapselfrucht mit dem Samen hinausgeschoben, der durch Wind oder über Ameisen verbreitet wird. Die Blätter sammeln Nährstoffe, die die Pflanze benötigt, um im Herbst wieder zu erblühen. Sie selbst sterben ab, bevor die Blüte erscheint. Somit sieht man Blätter und Blüte nie gleichzeitig. Das kann verhängnisvoll sein, denn die Blätter ähneln denen des Bärlauchs (siehe Seiten 100 und 104), ohne die Blüte können beide Pflanzen leicht verwechselt werden. Doch während der Bärlauch ein beliebtes Küchenkraut ist, ist die Herbstzeitlose sehr giftig. Verwechslungen kommen immer wieder vor und manche enden sogar tödlich. Die Herbstzeitlose enthält in sämtlichen Pflanzenteilen, vor allem in der Knolle und in den Samen, eine Vielzahl von Alkaloiden, insbesondere das hochtoxische Colchicin. Vergiftungserscheinungen treten meist erst zwei bis sechs Stunden nach Verzehr auf und äußern sich in Erbrechen, übermäßigem Durstgefühl, Schwindel, Koliken, Durchfällen und Blutungen bis hin zu Atemlähmung und Tod. Auch für Tiere ist die Pflanze sehr giftig, die ihre Wirkung in getrocknetem Zustand ebenfalls beibehält. Das mit der Herbst-

zeitlose versetzte Heu kann deshalb für Tiere gefährlich sein. Trotz ihrer Giftwirkung war die Pflanze früher das beste Mittel zur Behandlung von Gicht. Im Jahr 2010 war die Herbstzeitlose „Giftpflanze des Jahres". Sie ist in Mittel-, West- und Südeuropa verbreitet.

Streifzug 14 Herbstzeitlose

ab. Und als kleinen Vorgeschmack auf das, was uns später noch erwartet, entdecken wir hier auf einer Wiese nun auch schon vereinzelte Exemplare der Herbstzeitlose. Die zierliche Pflanze ist zwar der Hauptdarsteller unserer Wanderung, aber wir sehen vor uns einige idyllische Haine mit Obstbäumen, die jetzt unseren Blick fesseln. Wir erreichen das Streuobstwiesengebiet der Urdenbacher Kämpe, das bezaubernd in der flachen Landschaft des Niederrheins gelegen ist. Jetzt im Spätsommer ist es besonders reizvoll, denn die reifen Früchte hängen zum Greifen nah am Baum. Im Frühjahr haben wir uns die blühenden Obsthaine rund um Leichlingen angesehen (siehe Streifzug 6), nun begeistern uns hier die Wiesen zur Erntezeit.

Nach einem knappen Kilometer Wegstrecke erreichen wir die L 293, den **Baumberger Weg**. Wir überqueren sie, um auf der anderen Straßenseite auf einem Pfad weiterzuwandern. Er führt uns entlang von Obstwiesen und Pferdekoppeln und nach circa 400 Metern stoßen wir auf einen breiten Weg. Hier gehen wir rechts und nähern uns nun unserem eigentlichen Ziel, den **Bürgeler Wiesen** mit der Herbstzeitlose. Links von uns befindet sich der **Urdenbacher Altrheinbogen**. Er präsentiert sich als verwunschenes Feuchtgebiet. Nach kurzer Strecke biegen wir rechts ab auf einen Pfad, der uns nun zu den Wiesen führt. Sie sind besonders schützenswert und das Herzstück der Urdenbacher Kämpe. Zahlreiche Wiesenpflanzen blühen hier über das Jahr verteilt wie Wiesenschaumkraut, Löwenzahn, Mädesüß, Wiesenbocksbart, darunter auch seltene Arten wie die Wiesensilge. Als traditionelle Heuwiesen werden sie zweimal im Jahr gemäht, eine Düngung erhalten sie ausschließlich durch die Nährstoffe, die ihnen durch die regelmäßigen Überflutungen zugeführt werden. Die Vegetation hat sich somit nicht nur auf die Mahdzeiten, sondern auch auf die Überflutungssituation eingestellt. Die Herbstzeitlose besiedelt eher die etwas trockeneren Standorte, während das Mädesüß (siehe Seite 140), der Wiesenbocksbart oder die Wiesensilge auf den feuchteren Partien der Wiesen zu sehen sind.

1 Unerwartete Entdeckung – blühender Hopfen
2 Schön, aber giftig – die Herbstzeitlose

Den Weg über die Wiesen müssen wir uns wie ein Trapper suchen. Auf der Info-Tafel haben wir gelesen, dass wir immer dem Breitwegerich folgen sollen. Diese trittunempfindliche Pflanze gedeiht dort sehr gut, wo viele Menschen gegangen sind. Die Parole lautet demnach: „Immer dem Breitwegerich nach", den wir auch sofort entdecken. Der Weg führt uns nun diagonal über die erste der drei großen Wiesen und schon bald sehen wir einige Exemplare der Herbstzeitlose! Aufgeregt spazieren wir weiter über das Areal, an dessen Ende wir prächtig blühenden Hopfen erspähen, der einen Gehölzsaum besiedelt hat. Wir kommen nun zur zweiten Wiese und dort entdecken wir die Herbstzeitlose in noch größerer Zahl. Da wir uns in einem Naturschutzgebiet befinden, dürfen wir unseren Pfad nicht verlassen und natürlich auch keine Pflanzen pflücken. Aber die kleine Giftpflanze blüht direkt am Wegesrand und wir haben ausreichend Gelegenheit, sie uns anzusehen. Vorsicht, wer mit Kindern unterwegs ist! Die Kleinen sollten unbedingt beaufsichtigt werden, keinesfalls dürfen sie die Pflanze in den Mund nehmen. Das harmlose Aussehen der Herbstzeitlose täuscht über ihre Giftwirkung

Streifzug 14 Herbstzeitlose

Was tun bei Vergiftungen?

Viele Pflanzen, die in unseren Gärten und Parks wachsen, sind giftig, nicht nur für Menschen, sondern auch für Tiere. Das Gift hat die Funktion, die Pflanze vor Fraß zu schützen. Jede Pflanze hat ihre eigene Giftmischung, und so werden Tiere, die der Pflanze nützlich sind, weil sie zum Beispiel bei der Verbreitung der Samen behilflich sind, auch verschont. Ein cleverer Trick der Natur.

Die Liste der Giftpflanzen ist lang, zu den Bekanntesten zählen Blauer Eisenhut, Tollkirsche, Gefleckter Aronstab, Fingerhut, Maiglöckchen, Stechpalme, Schierling oder die Herbstzeitlose. Falls es zu Vergiftungen kommen sollte – hier sind vor allem Kinder gefährdet, weil sie beim Spielen in den Gärten schon mal Pflanzenteile in den Mund nehmen oder gar verschlucken – sollte Folgendes beachtet werden: Wurden Pflanzenteile verschluckt und zeigen sich bereits Vergiftungssymptome wie Erbrechen, Übelkeit, Schwindel, Kratzen im Mund und Rachen, Magenkrämpfe, Atemnot oder Bewusstlosigkeit muss sofort der Notarzt informiert werden. Wurden Pflanzenteile in den Mund genommen, Pflanzenteile entfernen, Ausspucken oder mit Flüssigkeit, zum Beispiel Wasser, Tee beziehungsweise Saft, ausspülen. Pflanzenteile aufbewahren, um sie den Ersthelfern zu zeigen. Keine Milch trinken, sie erhöht die Giftwirkung im Darm. Kein Erbrechen auslösen, zum Beispiel mit Salzwasser.

Hilfe bei Vergiftungen und Informationen über die wichtigsten Maßnahmen bietet zudem die Giftnotzentrale der Universität Bonn. Sie ist 24 Stunden besetzt, Telefon: 0228/192 40.

hinweg (siehe Seite 186). Obwohl sie so toxisch ist, sind wir sehr begeistert von der Pflanze mit ihrer zarten Blütenfarbe und erblicken zwischen den violetten Blüten auch ein Rudel mit weißblühenden Exemplaren. Die Herbstzeitlose wird im Volksmund auch Nackte Jungfrau genannt, weil sie zur Blütezeit keine Blätter hat, diese erscheinen nur im Frühjahr. Auch die Frucht, die sich über den Winter entwickelt, wird erst im Frühjahr gebildet.

Weiter geht es über die Bürgeler Wiesen, die das ganze Jahr über reizvolle Blühaspekte bieten. So blüht im Sommer bis in den September hinein hier auch der Große Wiesenknopf, der mit seinen dunklen schwarz-roten kleinen Blütenköpfchen wunderschön anzusehen ist. Er besiedelt sowohl die feuchten als auch die etwas trockeneren Partien, sodass wir ihn zu einem günstigen Zeitpunkt gemeinsam mit der Herbstzeitlose antreffen können.

Wir gelangen nun zu der letzten Wiese, die uns wiederum mit den zarten Blüten unserer Protagonistin erfreut. Wie oft haben wir sie heute schon fotografiert? Es ist manchmal wegen der schrägstehenden Herbstsonne schwer, die Pflanze abzulichten. Immer wieder verdunkeln wir sie mit unserem eigenen Schatten. Gut, dass wir nicht in Eile sind, so können wir uns der Herausforderung der perfekten Aufnahme der hübschen Giftpflanze noch etwas widmen, bevor wir zur Schlussetappe aufbrechen. Hierzu passieren wir das große Wiesenareal wiederum diagonal und verlassen es an einem Gehölzsaum. Links geht es nun entlang einer großen Ackerfläche mit

Großer Wiesenknopf – auch ein Bewohner der Bürgeler Wiesen

viel Weitblick weiter. Jetzt verstehen wir, warum die Kämpe Kämpe heißt. Der Name leitet sich vom Lateinischen „Campus" ab, das Feld. Wenn wir die Ackerfläche, die sich bereits auf dem etwas höher gelegenen und nicht so oft überfluteten Bereich befindet, umrundet haben, führt uns die Route nach links. Bald nähern wir uns wieder dem feuchten Altrheinarm, den wir über eine Brücke überqueren. Hier gibt es einen Aussichtspunkt – „Blick in den alten Rhein". Das hohe Schilf ist beeindruckend, und wir sind erstaunt, wie viele Landschaftselemente wir auf diesem Streifzug schon gesehen haben. Die Rundwanderung ist ausgesprochen abwechslungsreich und eindrucksvoll. Rechts geht es weiter und nach einem kurzen Wiesenabschnitt laufen wir entlang des alten Rheinarms. Immer wieder bleiben wir stehen, um uns die Wasserlandschaft hinter dem Schilfgürtel anzuschauen. Bald sehen wir links die ersten Häuser des Monheimer Stadtteils **Baumberg**. Nachdem wir diese Wasserwelt passiert haben, führt uns unsere Route rechts entlang von Wiesen und schönen knorrigen Kopfweiden über ein Feld. Dann erreichen wir eine Straße, es ist erneut der **Baumberger Weg**, überqueren sie und folgen ihr rechts auf dem Fußweg. Bald können wir auf der linken Seite Haus Bürgel sehen. Es ist von Pferdeweiden umgeben, auf denen die gutmütigen Kaltblutpferde grasen, die hier gezüchtet werden. Links geht es von der Straße nun direkt auf **Haus Bürgel** zu. Wir schlendern an der prächtigen Hofanlage und schönen Obstwiesen vorbei, bis uns die Route nach links führt. Wir sind nun auf der Zielgeraden und wechseln bald an einer Bank auf einen kleinen Waldpfad, auf dem wir parallel zu dem breiten Weg weiterlaufen. Wir befinden uns hier in einem Hartholzauenwald. Dieser Bereich liegt noch etwas erhöht und wird deshalb nur unregelmäßig überflutet. Der Hartholzauenwald der Kämpe ist der bedeutendste Bestand in Nordrhein-Westfalen. Eichen und Eschen sind die prägenden Bäume dieser Waldgesellschaft.

Nach rund 500 Metern geht es dann links auf einem breiten Weg wieder zurück zum Campingplatz. Dort können wir uns am angeschlossenen **Restaurant Rheinblick** mit ebensolchem noch etwas stärken.

1 Die Bürgeler Wiesen mit der blühenden Herbstzeitlose
2 Schnurstracks zieht sich ein Entwässerungsgraben durchs Gelände.
3 Ein stattlicher Hof – Haus Bürgel

Service

Der Streifzug

Beste Zeit: Ende August bis Oktober
Wanderung „Natur pur" durch die Urdenbacher Kämpe
Infos zur Wanderung auch unter www.auenblicke.de
Start: Campingplatz Monheim-Baumberg
Länge: ca. 10 km
Parken: vor dem Campingplatz oder auf dem Parkplatz am Ortsausgang von Monheim-Baumberg, Urdenbacher Weg
Navi: Urdenbacher Weg, 40789 Monheim
ÖPNV: von Monheim Busbahnhof mit Buslinie 788 bis „Campingplatz"
Fähre Urdenbach–Zons: verkehrt täglich im 15-Minuten-Takt, Preis 1,50 Euro pro Person

Einkehrmöglichkeiten

Haus Ausleger
Am Ausleger 4
40593 Düsseldorf
Tel. 0211/718 34 24
www.hausausleger.de
Öffnungszeiten: Fr 17–21 Uhr, Sa 15–20 Uhr, So 12–19 Uhr

Restaurant Rheinblick am Campingplatz
Urdenbacher Weg
40789 Monheim
Tel. 02173/658 29
Öffnungszeiten: täglich 11–21 Uhr

Führungen

Die Biologische Station Haus Bürgel bietet in Zusammenarbeit mit dem Gartenamt der Stadt Düsseldorf botanische Führungen zur Blüte der Herbstzeitlose an; Infos unter: www.bsdme.de, Treffpunkt Parkplatz Drängenburger Straße/Baumberger Weg, 40593 Düsseldorf, Kosten 2,50 Euro, Kinder frei.